泰山学院学术著作出版基金资助出版

机器人系统输出

反馈控制

雷　靖　宋家庆　著

清华大学出版社
北京

内 容 简 介

本书系统地介绍了广义机器人系统的几种先进控制方法,是著者科研团队(包括国内外同行)近年来从事科研工作的最新成果。本书分别以悬架、轮式移动机器人、单摆等广义机器人系统为例,阐述了基于高增益观测器的输出反馈控制器的设计方法、理论和仿真实验。本书共8章,介绍了控制器设计方法的研究背景、存在的问题,并介绍了广义机器人系统的动力学模型和状态空间表达式的建立,以及具有状态时滞、驱动器时滞、传感器时滞的非线性系统关于输出反馈控制等多种控制技术的设计方法,每种方法都给出了理论推导和仿真实验。

本书内容新颖,前后具有内在联系,且所介绍的控制方法较为先进,适合从事控制理论与应用、自动化控制、计算机控制等领域研究工作的学者、技术人员阅读,也可作为高等院校相关专业人员的教学、科研参考书。

图书在版编目(CIP)数据

机器人系统输出反馈控制/雷靖,宋家庆著. —北京:清华大学出版社,2023.10(2024.7重印)
ISBN 978-7-302-64778-2

Ⅰ.①机… Ⅱ.①雷… ②宋… Ⅲ.①机器人控制－控制系统 Ⅳ.①TP24

中国国家版本馆 CIP 数据核字(2023)第 195177 号

责任编辑:张龙卿 李慧恬
封面设计:曾雅菲 徐巧英
责任校对:刘 静
责任印制:曹婉颖

出版发行:清华大学出版社
   网 址:https://www.tup.com.cn,https://www.wqxuetang.com
   地 址:北京清华大学学研大厦 A 座   邮 编:100084
   社 总 机:010-83470000   邮 购:010-62786544
   投稿与读者服务:010-62776969,c-service@tup.tsinghua.edu.cn
   质量反馈:010-62772015,zhiliang@tup.tsinghua.edu.cn
   课件下载:https://www.tup.com.cn,010-83470410
印 装 者:三河市龙大印装有限公司
经 销:全国新华书店
开 本:185mm×260mm 印 张:6 字 数:138 千字
版 次:2023 年 11 月第 1 版 印 次:2024 年 7 月第 3 次印刷
定 价:35.00 元

产品编号:100998-01

前　言

从世界上第一台遥控机械手诞生至今已有 70 多年。随着计算机、自动控制理论与技术的发展和各行各业的需要,机器人从可编程示教型发展到自主控制型,又发展到现在的智能型。作为机器人的核心部分,机器人控制器在机器人的发展中起到了关键性的作用。目前,人工智能、计算机、传感器以及其他相关学科的快速进步促使机器人研究的水平逐渐提高,人们对机器人控制技术的要求也逐渐提高,因此,传统机器人控制方法存在的问题亟待改善和替代,如传统机器人控制方法较为单一,不适应网络化机器人的工况以及缺少对网络环境因素的考虑和处理。

本书与已出版的关于机器人书籍的专业研究角度有所不同,本书所研究的机器人工作环境增添了对网络化影响因素的分析,并根据最新的研究成果总结出适合于网络工况和影响因素的先进机器人控制方法。本书专注于对广义机器人系统中高增益观测器的设计和输出反馈控制方法的介绍,如无源控制、扩展高增益观测器设计、驱动器等带有时滞的输出反馈控制器设计等,这些方法和技术是近年先进、前沿和研究深入的理论成果,因此,本书的出版是一项有意义的工作。

本书包括以下具体研究内容。

(1) 使用基于内模的最优减振控制策略来解决具有作动器时滞的线性汽车悬架的减振控制问题。

(2) 解决在参考输入下具有多时滞系统的非线性最优振动控制问题,包括控制时滞、状态时滞、输出时滞和测量时滞,并且利用四分之一汽车悬架模型进行仿真验证。

(3) 针对汽车悬架模型设计区域输入—状态稳定和指数稳定的输出反馈控制器的方法。

(4) 解决具有控制时滞的线性轮式移动机器人系统的建模与跟踪控制问题。

(5) 解决具有控制时滞的非线性轮式移动机器人的跟踪控制器设计问题。

(6) 提出一种用于具有传感器时滞和控制时滞的非线性轮式移动机器人运动模型的非线性控制器设计方法。

(7) 运用无源性和严正实理论,为具有非线性输出的系统设计了高增益观测器及输出反馈控制器。

本书具有内容新颖、方法先进以及将系统性与前沿性相结合等特点。语言叙述通俗易懂,编写形式具有内在联系,便于读者独立思考和理解;理论与仿真实验相结合,有利于研究型和应用型读者的参考与使用。

本书的研究工作受到了国家自然科学基金(No. 61364012)、山东省自然科学基金(No.

ZR2019MF052)和泰山学院学术著作出版基金的资助。在此由衷地感谢基金评审专家和工作人员对课题组研究工作的信任,感谢课题组成员多年坚持不懈的努力,感谢为此研究提供了无私帮助的国内外同事,感谢清华大学出版社为此书的编辑和出版提供了巨大的支持。

由于著者水平有限,书中难免存有纰漏之处,敬请读者提出宝贵意见。

著　者

2023 年 2 月

目　录

第1章　具有作动器时滞的线性汽车悬架系统基于内模的最优减振控制 ……………… 1

　1.1　最优减振控制问题的形成 ……………………………………………………… 1

　　1.1.1　汽车悬架系统建模 ……………………………………………………… 1

　　1.1.2　随机路面扰动分析 ……………………………………………………… 3

　　1.1.3　最优减振控制问题的形成 ……………………………………………… 4

　1.2　最优减振控制律 ………………………………………………………………… 5

　1.3　仿真实验 ………………………………………………………………………… 6

　1.4　小结 ……………………………………………………………………………… 8

第2章　多时滞系统非线性最优内模控制及其在汽车悬架的应用 ………………… 9

　2.1　问题形成 ………………………………………………………………………… 9

　　2.1.1　系统描述 ………………………………………………………………… 9

　　2.1.2　内模构造 ………………………………………………………………… 11

　　2.1.3　问题描述 ………………………………………………………………… 13

　2.2　非线性内模控制器设计 ………………………………………………………… 13

　2.3　汽车悬架中的应用 ……………………………………………………………… 14

　　2.3.1　系统描述 ………………………………………………………………… 14

　　2.3.2　路面扰动 ………………………………………………………………… 16

　　2.3.3　控制器设计 ……………………………………………………………… 17

　　2.3.4　仿真实验 ………………………………………………………………… 18

　2.4　小结 ……………………………………………………………………………… 20

第3章　基于扩展高增益观测器的主动悬架输出反馈控制 …………………………… 21

　3.1　系统建模 ………………………………………………………………………… 21

　3.2　控制器设计 ……………………………………………………………………… 23

　　3.2.1　状态反馈控制 …………………………………………………………… 23

　　3.2.2　输出反馈下的RISS ……………………………………………………… 28

　3.3　小结 ……………………………………………………………………………… 36

第4章　具有控制时滞的轮式移动机器人系统建模与最优跟踪控制 ……………… 37

　4.1　状态空间表达式 ………………………………………………………………… 37

    4.1.1 WMR 系统 ··· 37

    4.1.2 跟踪误差系统 ··· 40

  4.2 最优跟踪控制器设计 ··· 41

  4.3 仿真实验 ··· 42

  4.4 小结 ··· 44

第 5 章 具有控制时滞的轮式移动机器人系统反馈线性化跟踪预测控制 ······· 45

  5.1 状态空间表达式建模 ··· 45

    5.1.1 目标路径 ··· 45

    5.1.2 跟踪误差系统 ··· 46

  5.2 非线性预测跟踪控制 ··· 47

  5.3 仿真实验 ··· 48

  5.4 小结 ··· 52

第 6 章 具有传感器时滞和控制时滞的轮式移动机器人系统预测跟踪控制 ······· 53

  6.1 状态空间表达式建模 ··· 53

    6.1.1 目标路径 ··· 53

    6.1.2 跟踪误差系统 ··· 54

  6.2 预测跟踪控制器设计 ··· 55

  6.3 仿真实验 ··· 57

  6.4 小结 ··· 62

第 7 章 非线性输出系统基于无源性的高增益观测器输出反馈控制 ············· 63

  7.1 系统描述 ··· 64

  7.2 估计误差 ··· 65

    7.2.1 尺度估计误差系统 ··· 65

    7.2.2 估计误差的毕竟有界性和指数稳定性 ······················· 68

    7.2.3 无源性和严正实条件 ····································· 71

  7.3 输出反馈的性能恢复性 ··· 74

  7.4 仿真实验 ··· 76

    7.4.1 状态反馈 ··· 76

    7.4.2 非线性测量 ··· 77

    7.4.3 估计误差的吸引域 ··· 79

    7.4.4 高增益观测器输出反馈 ····································· 80

  7.5 使用引理 7-5 和引理 7-6 的比较 ··································· 82

  7.6 小结 ··· 84

第 8 章 结论 ·· 85

参考文献 ·· 87

第1章 具有作动器时滞的线性汽车悬架系统基于内模的最优减振控制

将整个悬架作为一个控制系统的前提下,路面的起伏振动情况是这个悬架控制系统的一个扰动输入向量(简称路面输入、路面扰动),设计悬架减振控制的目的就是使悬架控制器能够减小路面振动造成的影响,其中,最优减振控制策略能够使悬架系统对汽车的平顺性、舒适性和操纵稳定性等性能之间达到相对平衡。关于汽车悬架系统最优减振控制问题学术界已经研究了三十多年。线性二次调节器(linear quadratic regulator,LQR)作为一种主要的优化控制技术已被广泛应用于悬架控制系统。例如,LQR 最优控制策略可以被应用于主动悬架和半主动悬架控制系统。在高斯概率分布的路面振动输入下,可以使用随机线性二次型高斯调节器(linear quadratic gaussian,LQG)设计悬架减振控制。另外,还有很多改进的 LQR 技术出现,例如,预估控制可以使汽车提前为路况情况做好准备,使汽车在行驶过程中突然经过道路障碍物时因有所预估和准备而及时采取相应的控制对策。随着计算机、网络、通信、电子等技术的迅速发展,网络传输过程产生的时滞问题也引起了学术界的广泛关注。例如,主动悬架的作动器时滞不可避免地出现在控制通道中,忽略时滞可能会导致系统不稳定和建模不精确等问题,在这种背景下,就产生了许多针对主动悬架作动器时滞方面的研究。在实际情况中,通常人们对路面的起伏振动情况不能提前了解,而基于内模的控制可以无稳态误差地消除路面振动的影响,相反,前馈—反馈控制则不能消除稳态误差。

本章研究使用基于内模的最优控制来解决具有作动器时滞的线性汽车悬架的减振控制问题。首先,在模型转换的基础上,将具有作动器时滞的四分之一汽车悬架系统转换为无时滞系统。通过求解一个最优调节问题得到最优减振控制律,其中设计了一个由内模和最优控制组成的动态补偿器,并且由控制记忆项对作动器时滞进行了补偿。同时,阐明了最优减振控制律的存在性和唯一性。最后,通过数值仿真验证了所设计最优减振控制的有效性,展示了内模最优减振控制相比较于前馈—反馈最优减振控制的优势。

1.1 最优减振控制问题的形成

1.1.1 汽车悬架系统建模

考虑如图 1-1 所示的四分之一汽车悬架模型,其由四分之一的车身质量、悬架部件和一个车轮组成。该模型由于其简单性而在文献中被广泛使用,它概括了真实悬架系统的许多基本特征。

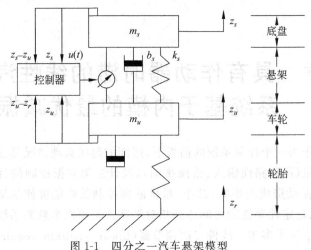

图 1-1　四分之一汽车悬架模型

四分之一汽车悬架模型的动力学模型如下：

$$\begin{cases} m_s \ddot{z}_s(t) + b_s [\dot{z}_s(t) - \dot{z}_u(t)] + k_s [z_s(t) - z_u(t)] = u(t-\tau) \\ m_u \ddot{z}_u(t) + b_s [\dot{z}_u(t) - \dot{z}_s(t)] + k_s [z_u(t) - z_s(t)] + k_t [z_u(t) - z_r(t)] + \\ b_t [\dot{z}_u(t) - \dot{z}_r(t)] = -u(t-\tau) \end{cases} \quad (1\text{-}1)$$

式中，m_s 是簧载质量，代表汽车底盘；m_u 是非簧载质量，代表车轮总成质量；k_s 和 b_s 分别是刚度和阻尼；k_t 和 b_t 分别为充气轮胎的刚度和阻尼；z_s 和 z_u 分别是簧载质量和非簧载质量的位移；z_r 是输入轮胎的路面位移；u 是悬架的主动控制力，通常由放置在两个质量块之间的液压作动器产生；$\tau > 0$ 是一个已知的常量作动器时滞。

通常评价悬架系统性能的指标有乘坐舒适性、动行程和接地性。乘坐舒适性是指车身的振动情况，评价指标是车身的垂直振动加速度；动行程是指悬架系统的组成元件（如弹簧、减振器）的压缩和拉伸长度，评价指标是车轮的动变形；接地性对汽车的操纵稳定性和安全性影响很大，评价指标是车轮的动变形。所以，最优减振控制的目的是通过设计控制器使得悬架的各项性能指标达到最优状态。

记

$$x_1(t) = z_s(t) - z_u(t), \quad x_2(t) = z_u(t) - z_r(t), \quad x_3(t) = \dot{z}_s(t), \quad x_4(t) = \dot{z}_u(t)$$

式中，$x_1(t)$ 是悬架挠度；$x_2(t)$ 是轮胎挠度；$x_3(t)$ 是簧载质量速度的响应；$x_4(t)$ 是非簧载质量速度的响应。然后，定义状态向量为

$$x(t) = \begin{bmatrix} x_1(t) & x_2(t) & x_3(t) & x_4(t) \end{bmatrix}^{\mathrm{T}}$$

受控输出向量为

$$y_c(t) = \begin{bmatrix} y_{c_1}(t) \\ y_{c_2}(t) \\ y_{c_3}(t) \end{bmatrix} = \begin{bmatrix} \ddot{z}_s(t) \\ z_s(t) - z_u(t) \\ z_u(t) - z_r(t) \end{bmatrix}$$

测量输出向量为

$$y_m(t) = \begin{bmatrix} y_{m_1}(t) \\ y_{m_2}(t) \end{bmatrix} = \begin{bmatrix} z_s(t) - z_u(t) \\ \dot{z}_s(t) \end{bmatrix}$$

这样,汽车悬架系统为

$$\begin{cases} \dot{x}(t) = Ax(t) + B_0 u(t-\tau) + Dv(t) \\ y_c(t) = \bar{C}x(t) + Eu(t) \\ y_m(t) = Cx(t) \end{cases} \tag{1-2}$$

式中,

$$A = \begin{bmatrix} 0 & 0 & 1 & -1 \\ 0 & 0 & 0 & 1 \\ \dfrac{-k_s}{m_s} & 0 & \dfrac{-b_s}{m_s} & \dfrac{b_s}{m_s} \\ \dfrac{k_s}{m_u} & \dfrac{-k_t}{m_u} & \dfrac{b_s}{m_u} & \dfrac{-(b_t+b_s)}{m_u} \end{bmatrix}, \quad B_0 = \begin{bmatrix} 0 \\ 0 \\ \dfrac{1}{m_s} \\ -\dfrac{1}{m_u} \end{bmatrix},$$

$$\bar{C} = \begin{bmatrix} -\dfrac{k_s}{m_s} & 0 & -\dfrac{b_s}{m_s} & -\dfrac{b_s}{m_s} \\ 1 & 0 & 0 & 0 \\ 0 & 1 & 0 & 0 \end{bmatrix}, \quad C = \begin{bmatrix} 1 & 0 & 0 & 0 \\ 0 & 0 & 1 & 0 \end{bmatrix}, \quad D = \begin{bmatrix} 0 \\ -1 \\ 0 \\ \dfrac{b_t}{m_u} \end{bmatrix}, \quad E = \begin{bmatrix} \dfrac{1}{m_s} \\ 0 \\ 0 \end{bmatrix}$$

注意:(A,B) 是可控的,其中 $B = e^{-A\tau}B_0$,且 $(\bar{C},A)$ 是可观测的。

1.1.2 随机路面扰动分析

设路面扰动为随机过程,路面位移功率谱密度为

$$S_g(\Omega) = \begin{cases} S_g(\Omega_0) \left(\dfrac{\Omega}{\Omega_0} \right)^{-n_1}, & \Omega \leqslant \Omega_0 \\ S_g(\Omega_0) \left(\dfrac{\Omega}{\Omega_0} \right)^{-n_2}, & \Omega \geqslant \Omega_0 \end{cases}$$

式中,$\Omega_0 = 1/2\pi$ 是参考频率;Ω 是频率;$S_g(\Omega_0)$ 提供了路面粗糙度的度量;n_1 和 n_2 是路面粗糙度常数。

通过使用谱表示方法,路面扰动位移 z_r 可以近似为

$$z_r(t) = \sum_{j=1}^{p} \alpha_j \sin(j\omega_0 t + \theta_j)$$

式中,$\alpha_j = \sqrt{2S_g(j\Delta\Omega)\Delta\Omega}$,$\Delta\Omega = 2\pi/l$;$\omega_0 = (2\pi/l)v_0$;$l$ 是路段的长度;v_0 是水平速度;$\theta_j \in [0, 2\pi)$ 是随机变量;p 是考虑的频率范围。令

$$\omega_j = j\omega_0$$
$$\xi_j = \alpha_j \sin(\omega_j t + \theta_j), \quad j = 1, 2, \cdots, p$$

则

$$z_r(t) = \sum_{j=1}^{p} \xi_j = \sum_{j=1}^{p} \alpha_j \sin(\omega_j t + \theta_j)$$

因此,路面扰动的速度向量为 $v(t) = \dot{z}_r(t)$,其可由以下外系统描述

$$\begin{cases} \dot{w}(t) = Gw(t) \\ v(t) = Fw(t) \end{cases} \tag{1-3}$$

式中,

$$w(t) = [w_1(t), \cdots, w_{2p}(t)]^\mathrm{T} = [\xi_1(t), \cdots, \xi_p(t), \dot{\xi}_1(t), \cdots, \dot{\xi}_p(t)]^\mathrm{T}$$

且

$$G = \begin{bmatrix} \mathbf{0}_{p \times p} & \mathbf{I}_p \\ \bar{G} & \mathbf{0}_{p \times p} \end{bmatrix}, \quad \bar{G} = \mathrm{diag}[-\omega_1^2, \cdots, -\omega_p^2], \quad F = [\mathbf{0}_{1 \times p}, 1, \cdots, 1]$$

式中,$F \in \mathbb{R}^{1 \times 2p}$;$\mathbf{I}$ 和 $\mathbf{0}$ 分别表示单位矩阵和零矩阵。

矩阵对 (F, G) 是可观测的。

1.1.3 最优减振控制问题的形成

实现最优减振控制就是寻找如下动态补偿控制器:

$$\begin{cases} \dot{\xi}(t) = \gamma \xi(t) + N \eta(t) \\ u^*(t) = K_i \xi(t) + K_s \bar{x}(t) \end{cases} \tag{1-4}$$

式中,$\bar{x}(t) = x(t) + \int_{t-\tau}^{t} \mathrm{e}^{A(t-\tau)} B_0 u(s) \mathrm{d}s$,并确保以下几点。

第一,非受控闭环系统

$$\begin{bmatrix} \dot{\bar{x}}(t) \\ \dot{\xi}(t) \end{bmatrix} = \begin{bmatrix} A + BK_s & BK_i \\ NC & \gamma \end{bmatrix} \begin{bmatrix} \bar{x}(t) \\ \xi(t) \end{bmatrix} \tag{1-5}$$

是稳定的。

第二,最优控制律能够使以下无限域二次型性能指标或平均二次型性能指标最小化,即

$$J = \int_0^\infty \left(\begin{bmatrix} \bar{x}(t) \\ \xi(t) \end{bmatrix}^\mathrm{T} \mathbf{Q} \begin{bmatrix} \bar{x}(t) \\ \xi(t) \end{bmatrix} + u^\mathrm{T}(t) \mathbf{R} u(t) \right) \mathrm{d}t \tag{1-6}$$

和

$$J = \lim_{T \to \infty} \frac{1}{T} \int_0^\mathrm{T} \left(\begin{bmatrix} \bar{x}(t) \\ \xi(t) \end{bmatrix}^\mathrm{T} \mathbf{Q} \begin{bmatrix} \bar{x}(t) \\ \xi(t) \end{bmatrix} + u^\mathrm{T}(t) \mathbf{R} u(t) \right) \mathrm{d}t \tag{1-7}$$

式中,$\mathbf{Q}$ 是半正定矩阵;$\mathbf{R}$ 是正定矩阵。

内模[式(1-4)]与外部系统[式(1-3)]需要具有相同的动态特性,这样保证了镇定器 $u_s(t) = K_s \bar{x}(t)$ 以零稳态误差使闭环系统稳定。

假设 1:$m \geqslant l$。

假设 2:对于 A 的所有特征值 $\lambda_i (i = 1, \cdots, q)$,有

$$\mathrm{rank} \begin{bmatrix} \lambda_i I - A & B \\ C & 0 \end{bmatrix} = n + l$$

定义一个增广系统,它由内模补偿器和镇定控制器构成,即

$$\begin{bmatrix} \dot{\bar{x}}(t) \\ \dot{\xi}(t) \end{bmatrix} = \begin{bmatrix} A & 0 \\ NC & \gamma \end{bmatrix} \begin{bmatrix} \bar{x}(t) \\ \xi(t) \end{bmatrix} + \begin{bmatrix} B \\ 0 \end{bmatrix} u(t) + \begin{bmatrix} D \\ 0 \end{bmatrix} v(t) \tag{1-8}$$

$$\eta(t) = \begin{bmatrix} C & 0 \end{bmatrix} \begin{bmatrix} \bar{x}(t) \\ \xi(t) \end{bmatrix}$$

令

$$\widetilde{A} = \begin{bmatrix} A & 0 \\ NC & \gamma \end{bmatrix}, \quad \widetilde{B} = \begin{bmatrix} B \\ 0 \end{bmatrix}, \quad \widetilde{C} = [C \quad 0]$$

可以证明 $(\widetilde{A}, \widetilde{B})$ 是可控的且 $(\widetilde{A}, \widetilde{C})$ 是可观测的。

1.2 最优减振控制律

【定理 1-1】 在路面扰动[式(1-3)]作用下的具有作动器时滞的主动汽车悬架系统[式(1-1)],基于内模的最优减振控制律为

$$u^*(t) = -R^{-1}B^T \left[\boldsymbol{P}_1 \left(x(t) + \int_{t-\tau}^{t} \mathrm{e}^{A(t-s-\tau)} B_1 u(s) \mathrm{d}s \right) + \boldsymbol{P}_{12}\xi(t) \right] \quad (1\text{-}9)$$

式中,正定矩阵 $\boldsymbol{P}_1$、$\boldsymbol{P}_{12}$ 是以下矩阵方程的唯一解:

$$\begin{cases} A^T\boldsymbol{P}_1 + \boldsymbol{P}_1 A + \boldsymbol{P}_{12}NC + C^T N^T \boldsymbol{P}_{12}^T - \boldsymbol{P}_1 B R^{-1} B^T \boldsymbol{P}_1 + Q_1 = 0 \\ A^T\boldsymbol{P}_{12} + \boldsymbol{P}_{12}\gamma + C^T N^T P_2 - \boldsymbol{P}_1 B R^{-1} B^T \boldsymbol{P}_{12} + Q_{12} = 0 \\ \gamma^T P_2 + P_2 \gamma - \boldsymbol{P}_{12}^T B R^{-1} B^T \boldsymbol{P}_{12} + Q_2 = 0 \end{cases} \quad (1\text{-}10)$$

证明:令

$$P = \begin{bmatrix} \boldsymbol{P}_1 & \boldsymbol{P}_{12} \\ \boldsymbol{P}_{12}^T & P_2 \end{bmatrix}, \quad Q = \begin{bmatrix} Q_1 & Q_{12} \\ Q_{12}^T & Q_2 \end{bmatrix} \quad (1\text{-}11)$$

系统[式(1-8)]关于二次型性能指标[式(1-6)或式(1-7)]的最优调节问题存在唯一解:

$$u^*(t) = -R^{-1}\widetilde{B}^T P [\bar{x}(t) \quad \xi(t)]^T$$

式中,P 是如下 Riccati 方程的唯一解:

$$P\widetilde{A} + \widetilde{A}^T P - P B R^{-1} \widetilde{B}^T P + Q = 0 \quad (1\text{-}12)$$

将式(1-11)代入式(1-12)后得

$$\begin{bmatrix} \boldsymbol{P}_1 & \boldsymbol{P}_{12} \\ \boldsymbol{P}_{12}^T & P_2 \end{bmatrix} \begin{bmatrix} A & 0 \\ NC & \gamma \end{bmatrix} + \begin{bmatrix} A^T & C^T N^T \\ 0 & \gamma^T \end{bmatrix} \begin{bmatrix} \boldsymbol{P}_1 & \boldsymbol{P}_{12} \\ \boldsymbol{P}_{12}^T & P_2 \end{bmatrix} -$$

$$\begin{bmatrix} \boldsymbol{P}_1 & \boldsymbol{P}_{12} \\ \boldsymbol{P}_{12}^T & P_2 \end{bmatrix} \begin{bmatrix} B \\ 0 \end{bmatrix} R^{-1}[B^T 0] \begin{bmatrix} \boldsymbol{P}_1 & \boldsymbol{P}_{12} \\ \boldsymbol{P}_{12}^T & P_2 \end{bmatrix} + \begin{bmatrix} Q_1 & Q_{12} \\ Q_{12}^T & Q_2 \end{bmatrix} = \begin{bmatrix} 0 & 0 \\ 0 & 0 \end{bmatrix}$$

即为式(1-10)。同时,最优控制律为

$$u^*(t) = -R^{-1}\widetilde{B}^T P [\bar{x}(t) \quad \xi(t)]^T = -R^{-1}[B^T \quad 0] \begin{bmatrix} \boldsymbol{P}_1 & \boldsymbol{P}_{12} \\ \boldsymbol{P}_{12}^T & P_2 \end{bmatrix} \begin{bmatrix} \bar{x}(t) \\ \xi(t) \end{bmatrix}$$

$$= -R^{-1}B^T \left[\boldsymbol{P}_1 \left(x(t) + \int_{t-\tau}^{t} \mathrm{e}^{A(t-s-\tau)} B_1 u(s) \mathrm{d}s \right) + \boldsymbol{P}_{12}\xi(t) \right]$$

最优二次型性能指标为

$$J^* = \begin{bmatrix} \bar{x}_0 \\ \xi_0 \end{bmatrix}^T \begin{bmatrix} \boldsymbol{P}_1 & \boldsymbol{P}_{12} \\ \boldsymbol{P}_{12}^T & P_2 \end{bmatrix} \begin{bmatrix} \bar{x}_0 \\ \xi_0 \end{bmatrix} = x_0^T \boldsymbol{P}_1 x_0 + \xi_0^T P_2 \xi_0 + 2 x_0^T \boldsymbol{P}_{12}\xi_0$$

由于 $(\widetilde{A},\widetilde{C})$ 是可观测的,根据 LQR 理论,闭环系统

$$\begin{bmatrix} \dot{\bar{x}}(t) \\ \dot{\xi}(t) \end{bmatrix} = \begin{bmatrix} A-BR^{-1}B^{\mathrm{T}}\boldsymbol{P}_1 & -BR^{-1}B^{\mathrm{T}}\boldsymbol{P}_{12} \\ CN & \gamma \end{bmatrix} \begin{bmatrix} \bar{x}(t) \\ \xi(t) \end{bmatrix}$$

$$\eta(t) = \begin{bmatrix} C & 0 \end{bmatrix} \begin{bmatrix} \bar{x}(t) \\ \xi(t) \end{bmatrix}$$

是稳定的。定理 1-1 证毕。

1.3 仿真实验

在仿真实验中,设计主动最优减振控制应用于随机路面输入作用下的具有常量作动器时滞的四分之一汽车悬架模型。四分之一主动汽车悬架的参数值如表 1-1 所示。

表 1-1 四分之一主动汽车悬架的参数值

参　数	变　量	取　值
簧载质量/kg	m_s	320
非簧载质量/kg	m_u	40
悬架刚度/(N/m)	k_s	18000
轮胎刚度/(N/m)	k_t	200000
悬架阻尼/(Ns/m)	b_s	1000

这样,在悬架系统[式(1-2)]中:

$$A = \begin{bmatrix} 0 & 0 & 1 & -1 \\ 0 & 0 & 0 & 1 \\ -26 & 0 & -0.8 & 0.8 \\ 211.3 & -4064.5 & 6.5 & -6.5 \end{bmatrix}, \quad B_0 = \begin{bmatrix} 0 \\ 0 \\ 0.002 \\ -0.0161 \end{bmatrix},$$

$$C = \begin{bmatrix} -56.3 & 0 & -3.1 & -3.1 \\ 1 & 0 & 0 & 0 \\ 0 & 1 & 0 & 0 \end{bmatrix}, \quad D = \begin{bmatrix} 0 \\ -1 \\ 0 \end{bmatrix}, \quad E = \begin{bmatrix} 0.002 \\ 0 \\ 0 \end{bmatrix}$$

使用正弦信号 $\omega = 0.68$ 作为路面扰动输入。性能指数[式(1-17)]中:

$$Q = \mathrm{diag}(3500, 20, 12000, 20000), \quad r = 1/1000$$

使用基于内模最优控制(internal model control,IMC)和前馈—反馈控制(feedforward and feedback control,FFOC)分别作用于作动器时滞 τ 为 0.01 或 0.2 的四分之一汽车悬架系统。悬架挠度(suspension deflection)、轮胎挠度(tire deflection)、簧载质量速度(sprung mass speed)的响应和控制输入(control),如图 1-2 和图 1-3 所示。

从图 1-2 和图 1-3 可以看出,在 IMC 下,悬架响应在悬架挠度、轮胎挠度和簧载质量速度的响应方面的幅度低于 FFOC 下的幅度,特别是 IMC 可以无稳态误差地抑制路面扰动对悬架挠度的影响,而 FFOC 则不能。

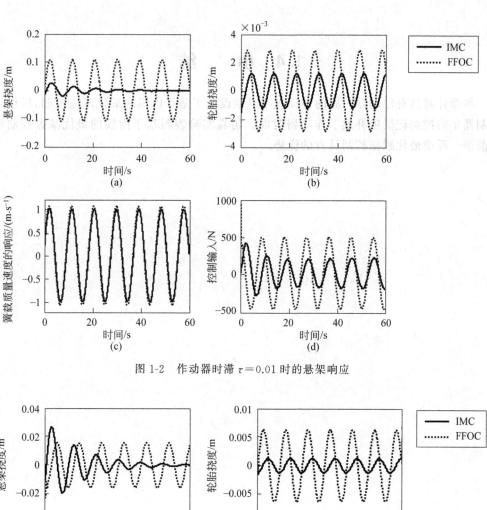

图 1-2 作动器时滞 $\tau=0.01$ 时的悬架响应

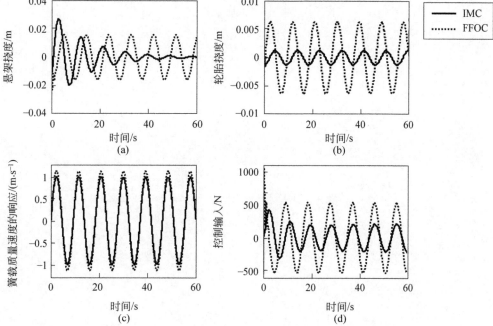

图 1-3 作动器时滞 $\tau=0.2$ 时的悬架响应

1.4 小 结

　　本章针对具有作动器时滞的主动汽车悬架设计了基于内模的最优减振控制，所设计的控制器中的控制记忆项补偿了作动器时滞。仿真实验表明基于内模的最优减振控制相对于前馈—反馈最优减振控制具有的优势。

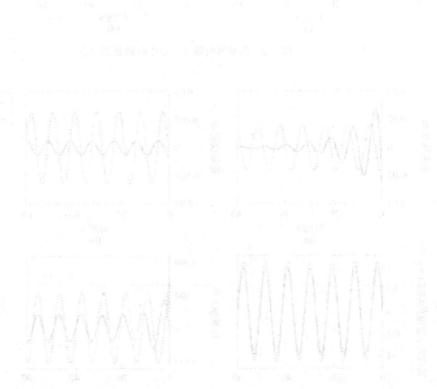

第 2 章　多时滞系统非线性最优内模控制及其在汽车悬架的应用

在现代汽车中,数字控制器、传感器、执行器等器件通过电子通信网络相联接,因而控制系统不可避免地会遇到网络引起的时滞问题。时滞对控制系统的影响作用逐渐引起了相关学术研究人员的关注,包括对汽车悬架减振控制的研究。汽车悬架控制的目标是确保悬架性能中的乘坐舒适性、抓地力、道路损伤最小化等指标达到最佳。然而,大多数路面扰动信号,如正弦信号、随机信号等,都不能被控制器完全抑制。本章研究表明,基于内模的减振控制在理论上是可以完全抑制这一类信号的持续扰动的。

本章研究了在参考输入作用下具有多时滞系统的非线性最优振动控制问题,这里的多时滞是指同时具有控制时滞、状态时滞、输出时滞和测量时滞。该时滞系统通过泛函变换转化为等效的无时滞系统。通过求解 Riccati 方程、Sylvester 方程和伴随微分方程,设计了非线性最优减振控制律。非线性和时滞产生的影响分别由控制器中的非线性补偿器和记忆项进行补偿。通过构建内模来产生动态补偿器,以零稳态误差对路面扰动进行抑制并对参考输入进行跟踪。通过构造观测器使控制器在物理上可实现。在仿真中,将所设计的减振控制器应用于汽车悬架系统,仿真结果表明,悬架受到的路面振动完全被所设计的控制器抵消,验证了提出控制器的有效性。

符号: $\mathbb{R}^{n \times n}$ 表示 n 维欧几里得空间。$\mathbb{R}^+$ 表示正实数。I_n 是 n 阶单位矩阵。0_p 表示 p 阶零矩阵并表示适当维度的零矩阵。$\mu(P)$ 表示矩阵 P 的特征值。$\mathrm{Re}\mu(P)$ 表示矩阵 P 的特征值实部。$C(\mathbb{R}^n)$ 和 $C^1(\mathbb{R}^n)$ 分别代表连续函数和连续可微函数的集合。

2.1　问　题　形　成

2.1.1　系统描述

考虑一个非线性时滞系统

$$\begin{cases} \dot{x}(t) = A_0 x(t) + A_1 x(t-\sigma) + B_0 u(t) + B_1 u(t-\tau) + Dv(t) + f(x(t)) \\ y_m(t) = Cx(t-s) \\ y_c(t) = C_0 x(t) + C_1 x(t-\sigma) + Eu(t) + E_0 u(t-\tau) \\ x(t) = \alpha(t), \quad t \in [-\sigma-s, 0] \\ u(t) = 0, \quad t \in [-\tau, 0] \end{cases} \tag{2-1}$$

式中,$x(t) \in \mathbb{R}^n$、$u(t) \in \mathbb{R}^m$、$y_m(t) \in \mathbb{R}^{m_1}$、$y_c(t) \in \mathbb{R}^{m_2}$ 分别是状态、控制、受控输出和测量输出向量;$A_i \in \mathbb{R}^{n \times n}$、$B_i \in \mathbb{R}^{n \times m}$、$C_i \in \mathbb{R}^{m_2 \times n}(i=0,1)$、$C \in \mathbb{R}^{m_1 \times n}$、$D \in \mathbb{R}^{n \times q_1}$、$E, E_0 \in \mathbb{R}^{n \times m}$

是实常数矩阵；$\tau,\sigma,s\in\mathbf{R}^+$ 为控制时滞、状态时滞和测量时滞；$\alpha(t)\in\mathbf{C}([-\sigma-s,0];\mathbf{R}^n)$，$f:\mathbf{C}^1(\mathbf{R}^n;\mathbf{R}^n)$ 且 $f(0)=\mathbf{0}$。

外部扰动输入 $v(t)\in\mathbf{R}^{q_1}$ 由以下外系统描述：

$$\begin{cases} \dot{w}(t)=Gw(t) \\ v(t)=\mathbf{F}v(t) \end{cases} \tag{2-2}$$

式中，$w(t)\in\mathbf{R}^{p_1}$ 是扰动状态向量；$G\in\mathbf{R}^{p_1\times p_1}$、$\mathbf{F}\in\mathbf{R}^{q_1\times p_1}$ 是常数矩阵。

矩阵对 (G,F) 是完全可观测的。

参考输入 $r(t)\in\mathbf{R}^{m_2}$ 由另一个外系统描述：

$$\begin{cases} \dot{\zeta}(t)=M\zeta(t) \\ r(t)=\mathbf{\Omega}\zeta(t) \end{cases} \tag{2-3}$$

式中，$\zeta(t)\in\mathbf{R}^{p_2}$ 是状态向量；$M\in\mathbf{R}^{p_2\times p_2}$、$\mathbf{\Omega}\in\mathbf{R}^{m_2\times p_2}$ 是常数矩阵。

矩阵对 (M,Ω) 是完全可观测的。

假设 1：外系统[式(2-2)和式(2-3)]是稳定的。

注意到方程式[式(2-1)]等价于以下积分方程：

$$\begin{cases} x(t)=\mathrm{e}^{At}\alpha_0+\int_0^t\mathrm{e}^{A(t-\delta)}[Bu(\delta)+Dv(\delta)+f(x(\delta))]\mathrm{d}\delta- \\ \qquad \int_{t-\sigma}^t\mathrm{e}^{A(t-\delta)}\overline{A}_1x(\delta)\mathrm{d}\delta-\int_{t-\tau}^t\mathrm{e}^{A(t-\delta)}\overline{B}_1u(\delta)\mathrm{d}\delta \\ y_m(t)=\overline{C}\Big\{\mathrm{e}^{At}\alpha_0+\int_{-s}^{t-s}\mathrm{e}^{A(t-\delta)}\{Bu(\delta)+Dv(\delta)+f[x(\delta)]\}\mathrm{d}\delta- \\ \qquad \int_{t-s-\sigma}^{t-s}\mathrm{e}^{A(t-\delta)}\overline{A}_1x(\delta)\mathrm{d}\delta-\int_{t-s-\tau}^{t-s}\mathrm{e}^{A(t-\delta)}\overline{B}_1u(\delta)\mathrm{d}\delta\Big\} \\ y_c(t)=C_0\Big[z(t)-\int_{t-\sigma}^t\mathrm{e}^{A(t-\delta)}\overline{A}_1x(\delta)\mathrm{d}\delta-\int_{t-\tau}^t\mathrm{e}^{A(t-\delta)}\overline{B}_1u(\delta)\mathrm{d}\delta\Big]+ \\ \qquad \overline{C}_0\Big\{\mathrm{e}^{At}\alpha_0+\int_{-\sigma}^{t-\delta}\mathrm{e}^{A(t-\delta)}[Bu(\delta)+Dv(\delta)+f(x(\delta))]\mathrm{d}\delta- \\ \qquad \int_{t-2\sigma}^{t-\sigma}\mathrm{e}^{A(t-\delta)}\overline{A}_1x(\delta)\mathrm{d}\delta-\int_{t-\sigma-\tau}^{t-\sigma}\mathrm{e}^{A(t-\delta)}\overline{B}_1u(\delta)\mathrm{d}\delta\Big\}+Eu(t)+E_0u(t-\tau) \end{cases}$$

$$\tag{2-4}$$

式中，

$$\begin{cases} A=A_0+\overline{A}_1 \\ \overline{A}_1=\mathrm{e}^{-A\sigma}A_1, \quad \overline{B}_1=\mathrm{e}^{-A\tau}B_1, \quad B=B_0+\overline{B}_1, \quad \overline{C}_0=C_1\mathrm{e}^{-A\delta} \end{cases} \tag{2-5}$$

且 $\alpha_0=\alpha(0)+\int_{-\sigma}^0\mathrm{e}^{-A\delta}\overline{A}_1x(\delta)\mathrm{d}\delta$。记 $\overline{C}_1=C_0+\overline{C}_0$ 和 $\overline{f}[z(t)]=f[x(t)]$。令

$$z(t)=x(t)+\int_{t-\sigma}^t\mathrm{e}^{A(t-\delta)}\overline{A}_1x(\delta)\mathrm{d}\delta+\int_{t-\tau}^t\mathrm{e}^{A(t-\delta)}\overline{B}_1u(\delta)\mathrm{d}\delta$$

$$\eta_m(t)=y_m(t)+\overline{C}\Big\{\int_{t-s}^t\mathrm{e}^{A(t-\delta)}\{Bu(\delta)+Dv(\delta)+f[x(\delta)]\}\mathrm{d}\delta+$$

$$\int_{t-s-\sigma}^{t-s}\mathrm{e}^{A(t-\delta)}\overline{A}_1x(\delta)\mathrm{d}\delta+\int_{t-s-\tau}^{t-s}\mathrm{e}^{A(t-\delta)}\overline{B}_1u(\delta)\mathrm{d}\delta-$$

$$\int_{-s}^0\mathrm{e}^{A(t-\delta)}\{Bu(\delta)+Dv(\delta)+f[x(\delta)]\}\mathrm{d}\delta-\int_{-\sigma-s}^{-\sigma}\mathrm{e}^{A(t-\delta)}\overline{A}_1x(\delta)\mathrm{d}\delta\Big\}$$

$$\eta_c(t) = y_c(t) + C_0 \left(\int_{t-\sigma}^{t} e^{A(t-\delta)} \overline{A}_1 x(\delta) d\delta + \int_{t-\tau}^{t} e^{A(t-\delta)} \overline{B}_1 u(\delta) d\delta \right) +$$

$$\overline{C}_0 \left\{ \int_{t-\sigma}^{t} e^{A(t-\delta)} \{ Bu(\delta) + Dv(\delta) + f[x(\delta)] \} d\delta + \right.$$

$$\int_{t-2\sigma}^{t-\sigma} e^{A(t-\delta)} \overline{A}_1 x(\delta) d\delta + \int_{t-\sigma-\tau}^{t-\sigma} e^{A(t-\delta)} \overline{B}_1 u(\delta) d\delta -$$

$$\int_{-\sigma}^{0} e^{A(t-\delta)} \{ Bu(\delta) + Dv(\delta) + f[x(\delta)] \} d\delta -$$

$$\left. \int_{-2\sigma}^{-\sigma} e^{A(t-\delta)} \overline{A}_1 x(\delta) d\delta - \int_{-\sigma}^{0} e^{A(t-\delta)} \overline{A}_1 x(\delta) d\delta \right\} - E_0 u(t-\tau)$$

则系统[式(2-1)]可以转化为以下无时滞系统：

$$\begin{cases} \dot{z}(t) = Az(t) + Bu(t) + Dv(t) + \overline{f}[z(t)] \\ \eta_m(t) = \overline{C}z(t) \\ \eta_c(t) = \overline{C}_1 z(t) + Eu(t) \\ z(0) = \alpha_0 \end{cases} \tag{2-6}$$

式中，

$$x(t) = z(t) - \int_{t-\sigma}^{t} e^{A(t-\delta)} \overline{A}_1 x(\delta) d\delta - \int_{t-\tau}^{t} e^{A(t-\delta)} \overline{B}_1 u(\delta) d\delta$$

$$y_m(t) = \eta_m(t) - \overline{C} \left\{ \int_{t-s}^{t} e^{A(t-\delta)} \{ Bu(\delta) + Dv(\delta) + f[x(\delta)] \} d\delta + \right.$$

$$\int_{t-s-\sigma}^{t-s} e^{A(t-\delta)} \overline{A}_1 x(\delta) d\delta + \int_{t-s-\tau}^{t-s} e^{A(t-\delta)} \overline{B}_1 u(\delta) d\delta -$$

$$\left. \int_{-s}^{0} e^{A(t-\delta)} \{ Bu(\delta) + Dv(\delta) + f[x(\delta)] \} d\delta - \int_{-\sigma-s}^{-s} e^{A(t-\delta)} \overline{A}_1 x(\delta) d\delta \right\}$$

$$y_c(t) = \eta_c(t) - C_0 \left(\int_{t-\sigma}^{t} e^{A(t-\delta)} \overline{A}_1 x(\delta) d\delta + \int_{t-\tau}^{t} e^{A(t-\delta)} \overline{B}_1 u(\delta) d\delta \right) -$$

$$\overline{C}_0 \left\{ \int_{t-\sigma}^{t} e^{A(t-\delta)} \{ Bu(\delta) + Dv(\delta) + f[x(\delta)] \} d\delta + \right.$$

$$\int_{t-2\sigma}^{t-\sigma} e^{A(t-\delta)} \overline{A}_1 x(\delta) d\delta + \int_{t-\sigma-\tau}^{t-\sigma} e^{A(t-\delta)} \overline{B}_1 u(\delta) d\delta -$$

$$\int_{-\sigma}^{0} e^{A(t-\delta)} [Bu(\delta) + Dv(\delta) + f(x(\delta))] d\delta -$$

$$\left. \int_{-2\sigma}^{-\sigma} e^{A(t-\delta)} \overline{A}_1 x(\delta) d\delta - \int_{-\sigma}^{0} e^{A(t-\delta)} \overline{A}_1 x(\delta) d\delta \right\} + E_0 u(t-\tau)$$

三元组 $(A, B, \overline{C})$ 是完全可控—可观测的。在式(2-5)的条件下，系统[式(2-6)]的镇定问题等价于系统[式(2-1)]的镇定问题。

2.1.2　内模构造

将外系统[式(2-2)和式(2-3)]的特征多项式的最小公倍数表示为

$$\Lambda(s) = s^l + \rho_{l-1} s^{l-1} + \cdots + \rho_1 s + \rho_0 \tag{2-7}$$

然后，构建以下内模补偿器

$$\dot{\xi}(t) = \gamma \xi(t) + Ne(t)$$

式中，$\xi(t) \in \mathbb{R}^{q_1 l}$ 是内模状态；$e(t) = \eta_c(t) - r(t)$ 是输出误差，且

$$\Theta_{l \times l} = \begin{bmatrix} 0 & & \\ \vdots & & \boldsymbol{I}_{l-1} \\ 0 & & \\ -\rho_0 & -\rho_1 & \cdots & -\rho_{l-1} \end{bmatrix}, \quad \beta_{l \times 1} = \begin{bmatrix} 0 & \cdots & 0 & 1 \end{bmatrix}^{\mathrm{T}}$$

$$\gamma_{q_1 l \times q_1 l} = \text{block-diag}\{\Theta, \cdots, \Theta\}, \quad N_{q_1 l \times q_1} = \text{block-diag}\{\beta, \cdots, \beta\}$$

记增广状态为 $\hat{z}(t) = [z^{\mathrm{T}}(t) \quad \xi^{\mathrm{T}}(t)]^{\mathrm{T}}$。结合内模补偿器和系统[式(2-6)]产生增广系统：

$$\dot{\hat{z}}(t) = \hat{A}\,\hat{z}(t) + \hat{B}u(t) + \hat{D}_1 v(t) + \hat{D}_2 \zeta(t) + \hat{f}(\hat{z}(t))$$

$$\eta_m(t) = \hat{C}_1\,\hat{z}(t)$$

$$\eta_c(t) = \hat{C}_2\,\hat{z}(t) + \hat{E}u(t)$$

$$\hat{z}(0) = \begin{bmatrix} \alpha_0 + \displaystyle\int_{-\sigma}^{0} \mathrm{e}^{-A\delta}\overline{A}_1 x(\delta)\mathrm{d}\delta \\ \xi_0 \end{bmatrix} \triangleq \hat{z}_0$$

式中，

$$\hat{A} = \begin{bmatrix} A & \boldsymbol{0} \\ N\overline{C}_1 & \gamma \end{bmatrix}, \quad \hat{B} = \begin{bmatrix} B \\ \boldsymbol{0} \end{bmatrix}, \quad \hat{C}_1 = \begin{bmatrix} \overline{C} & \boldsymbol{0} \end{bmatrix}, \quad \hat{C}_2 = \begin{bmatrix} \overline{C}_1 & \boldsymbol{0} \end{bmatrix}, \quad \hat{D}_1 = \begin{bmatrix} D \\ \boldsymbol{0} \end{bmatrix},$$

$$\hat{D}_2 = \begin{bmatrix} \boldsymbol{0} \\ -N\Omega \end{bmatrix}, \quad \hat{E} = \begin{bmatrix} E & \boldsymbol{0} \end{bmatrix}, \quad \hat{f}(\hat{z}(t)) = \begin{bmatrix} \overline{f}(z(t)) \\ \boldsymbol{0} \end{bmatrix}$$

假设 2：输入维数大于或等于受控输出，即 $m \geqslant m_2$。

假设 3：对于方程[式(2-7)]的每个根 $s_i (i = 1, 2, \cdots, l)$，存在

$$\text{rank} \begin{bmatrix} s_i \boldsymbol{I} - A & B \\ \overline{C}_1 & \boldsymbol{0} \end{bmatrix} = n + m_2$$

【引理 2-1】 当且仅当矩阵对 $(\hat{A}, \hat{C}_1)$ 为可观测时，矩阵才对 $(A, \overline{C})$ 为可观测。

假设 2 和假设 3 是保证 $(\hat{A}, \hat{B})$ 可控的充分条件。同时，根据引理 2-1 可以证明矩阵对 $(\hat{A}, \hat{C})$ 是可观测的。

在假设 2 下，如果选择无限域性能指标，则系统不会收敛。注意到系统[式(2-6)]的 $\eta_c(t)$ 中包含受控输出 $y_c(t)$，因此可以选择以下平均性能指标：

$$J(\cdot) = \lim_{T \to \infty} \frac{1}{T} \int_0^T \left([z^{\mathrm{T}}(t) \quad \xi^{\mathrm{T}}(t)] Q \begin{bmatrix} z(t) \\ \xi(t) \end{bmatrix} + 2[z^{\mathrm{T}}(t) \quad \xi^{\mathrm{T}}(t)] \overline{N} u(t) + u^{\mathrm{T}}(t) R u(t) \right) \mathrm{d}t$$

$$= \lim_{T \to \infty} \frac{1}{T} \int_0^T [\hat{z}^{\mathrm{T}}(t) Q \hat{z}(t) + 2\hat{z}^{\mathrm{T}}(t) \overline{N} u(t) + u^{\mathrm{T}}(t) R u(t)] \mathrm{d}t \qquad (2\text{-}8)$$

式中，

$$Q \triangleq \begin{bmatrix} Q_1 & Q_2 \\ Q_2^{\mathrm{T}} & Q_3 \end{bmatrix} \in \mathbb{R}^{(n+q_1 l) \times (n+q_1 l)}, \quad \overline{N} \triangleq \begin{bmatrix} N_1 \\ N_2 \end{bmatrix}, \quad R \triangleq E^{\mathrm{T}} Q_0 E + R_0$$

权重矩阵 Q、$\overline{N}$、Q_0、R_0 可由工程师进行选择，以达到平衡状态变量和控制输入的目标。矩阵

$$Q - \overline{N}R^{-1}\overline{N}^{\mathrm{T}} \triangleq \begin{bmatrix} \overline{Q}_1 & \overline{Q}_2 \\ \overline{Q}_2^{\mathrm{T}} & \overline{Q}_3 \end{bmatrix}$$

是半正定的，$R \in \mathbb{R}^{m \times m}$ 是正定的。可以验证存在矩阵 $\overline{D}$ 满足 $\overline{D}^{\mathrm{T}}\overline{D} = Q - \overline{N}R^{-1}\overline{N}$ 且使矩阵对 $(\hat{A}, \overline{D})$ 为可观测。

2.1.3 问题描述

最优调节问题的目的是找到线性动态补偿控制器 $u_l^*(t)$：

$$\dot{\xi}(t) = \gamma \xi(t) + Ne(t)$$
$$u_l^*(t) = K_i \xi(t) + K_s z(t)$$

式中，$e(t) = \eta_c(t) - r(t)$；K_i、K_s 分别是内模和镇定控制的增益，使得以下两种情况成立。

（1）非受控闭环系统

$$\begin{bmatrix} \dot{z}(t) \\ \dot{\xi}(t) \end{bmatrix} = \begin{bmatrix} A + BK_s & BK_i \\ N\overline{C} & \gamma \end{bmatrix} \begin{bmatrix} z(t) \\ \xi(t) \end{bmatrix}$$

是稳定的。

（2）最优控制律 $u^*(t)$ 使性能指标[式(2-8)]最小化。

2.2 非线性内模控制器设计

【定理2-1】 考虑在扰动[式(2-2)]和参考输入[式(2-3)]下的非线性时滞系统[式(2-1)]关于平均二次性能指标[式(2-8)]的最优调节问题。非线性最优内模控制律为

$$u^*(t) = -R^{-1}\left\{ (B^{\mathrm{T}}P + N_1^{\mathrm{T}})\left[x(t) + \int_{t-\sigma}^{t} e^{A(t-\delta)}\overline{A}_1 x(\delta)\mathrm{d}\delta + \int_{t-\tau}^{t} e^{A(t-\delta)}\overline{B}_1 u(\delta)\mathrm{d}\delta \right] + \right.$$
$$\left. (B^{\mathrm{T}}P_1 + N_2^{\mathrm{T}})\xi(t) + B^{\mathrm{T}}g(t) \right\} \tag{2-9}$$

式中，P 和 P_1 是以下矩阵方程的唯一解：

$$(A - BR^{-1}N_1^{\mathrm{T}})^{\mathrm{T}}P + P(A - BR^{-1}N_1^{\mathrm{T}}) + P_1N\overline{C} + \overline{C}^{\mathrm{T}}N^{\mathrm{T}}P_1^{\mathrm{T}} - PBR^{-1}B^{\mathrm{T}}P + \overline{Q}_1 = \mathbf{0}$$
$$(A - BR^{-1}N_1^{\mathrm{T}})^{\mathrm{T}}P_1 + P_1\gamma + \overline{C}^{\mathrm{T}}N^{\mathrm{T}}P_2^{\mathrm{T}} - PBR^{-1}B^{\mathrm{T}}P_1 + \overline{Q}_2 = \mathbf{0} \tag{2-10}$$
$$\gamma^{\mathrm{T}}P_2 + P_2\gamma - P_1^{\mathrm{T}}BR^{-1}B^{\mathrm{T}}P_1 + \overline{Q}_3 = \mathbf{0}$$

$g(t)$ 满足伴随微分方程：

$$\begin{cases} \dot{g}(t) = [BR^{-1}(B^{\mathrm{T}}P + N_1^{\mathrm{T}}) - A]^{\mathrm{T}}g(t) - Pf[x(t)] \\ g(\infty) = \mathbf{0} \end{cases} \tag{2-11}$$

最优状态 $x^*(t)$ 是以下方程的解：

$$\dot{z}(t) = [A - BR^{-1}(B^{\mathrm{T}} + P\overline{N}_1^{\mathrm{T}})]z(t) + \overline{f}(z(t)) - BR^{-1}B^{\mathrm{T}}\overline{g}(t) +$$
$$Dv(t) - BR^{-1}(B^{\mathrm{T}}P + \overline{N}_2^{\mathrm{T}})\xi(t)$$

$$z(0) = \alpha_0$$

$$x^*(t) = z(t) - \int_{t-\sigma}^{t} e^{A(t-\delta)}\overline{A}_1 x(\delta)\mathrm{d}\delta - \int_{t-\tau}^{t} e^{A(t-\delta)}\overline{B}_1 u(\delta)\mathrm{d}\delta$$

证明：令 $\lambda_k(t) = \hat{P}\hat{z}_k(t) + \overline{g}_k(t)$，其中

$$\hat{P} = \begin{bmatrix} P & P_1 \\ P_1^{\mathrm{T}} & P_2 \end{bmatrix}, \qquad \hat{g}_k(t) = \begin{bmatrix} g_k(t) \\ \mathbf{0}_{q_2 l} \end{bmatrix}$$

且 $g_k(t) \in \mathbb{R}^n$ 是第 k 个伴随向量。运用近似序列方法得到最优内模减振控制[式(2-9)]。次优内模减振控制为

$$u_M(t) = -R^{-1}\left((B^{\mathrm{T}}P + N_1^{\mathrm{T}})\left[x_M(t) + \int_{t-\sigma}^{t} e^{A(t-\delta)}\overline{A}_1 x(\delta)\mathrm{d}\delta + \int_{t-\tau}^{t} e^{A(t-\delta)}\overline{B}_1 u(\delta)\mathrm{d}\delta \right] + \right.$$
$$\left. (B^{\mathrm{T}}P_1 + N_2^{\mathrm{T}})\xi(t) + B^{\mathrm{T}}g_M(t) \right)$$

式中，整数 M 由足够小的误差标准 $\varepsilon > 0$ 确定。当 $|(J_{M-1} - J_M)/J_M| < \varepsilon$ 时，得到相应的平均性能指标：

$$J_M = \lim_{T \to \infty} \frac{1}{T} \int_0^T [\hat{z}_M^{\mathrm{T}}(t)Q\hat{z}_M(t) + 2\hat{z}_M^{\mathrm{T}}(t)\overline{N}u_M(t) + u_M^{\mathrm{T}}(t)Ru_M(t)]\mathrm{d}t$$

在实际工程中，式(2-9)的最优控制律 $u^*(t)$ 可能包含 $x(t)$ 的部分不可测量状态变量。为了解决这个问题，可以利用观测器重构不可测量的状态变量，从而得到以下动态最优内模减振控制律。

【定理 2-2】 考虑在外部持续扰动[式(2-2)]和参考输入[式(2-3)]下关于平均二次性能指数[式(2-8)]的时滞悬挂系统[式(2-1)]，其关于非线性最优调节问题的动态最优内模控制律为

$$\dot{\psi}(t) = (H - L\overline{C})[A\mathbf{\Pi}_2\psi(t) + Bu(t) + f(x(t)) + A(\mathbf{\Pi}_2 L + \mathbf{\Pi}_1)\eta_m(t)]$$
$$u_M(t) = -R^{-1}\{ B^{\mathrm{T}}g_M(t) + (B^{\mathrm{T}}P_1 + N_2^{\mathrm{T}})\xi(t) + (B^{\mathrm{T}}P + N_1^{\mathrm{T}})[\mathbf{\Pi}_2\psi(t) + (\mathbf{\Pi}_1 + \mathbf{\Pi}_2 L)\eta_m(t)] \}$$

式中，$\mathbf{\Pi}_1 \in \mathbb{R}^{n \times m_1}$、$\mathbf{\Pi}_2 \in \mathbb{R}^{(n-m_1) \times m_1}$ 是常数矩阵；P、P_1 是矩阵方程式(2-10)的唯一解；$g(t)$ 满足伴随方程[式(2-11)]，并且 $\mathrm{Re}\,\mu_i[(H - L\overline{C})\widetilde{A}\mathbf{\Pi}_2] < 0 \, (i = 1, 2, \cdots, n - m_1)$。

2.3 汽车悬架中的应用

2.3.1 系统描述

考虑具有非线性弹簧、执行器时滞和传感器时滞的四分之一汽车悬架模型，如图 2-1 所示。

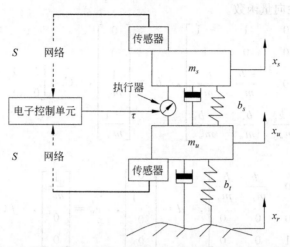

图 2-1　具有非线性弹簧、执行器时滞和传感器时滞的四分之一汽车悬架模型

动力学方程为

$$m_s\ddot{x}_s(t)+b_s[\dot{x}_s(t)-\dot{x}_u(t)]+k_{1s}[x_s(t)-x_u(t)]+k_{2s}[x_s(t)-x_u(t)]^3$$
$$=u(t-\tau)-m_u\ddot{x}_u(t)+b_s[\dot{x}_s(t)-\dot{x}_u(t)]+k_{1s}[x_s(t)-x_u(t)]+$$
$$k_{2s}[x_s(t)-x_u(t)]^3-k_t[x_u(t)-x_r(t)]$$
$$=u(t-\tau) \tag{2-12}$$

且

$$y_m(t)=\begin{bmatrix} x_s(t-s)-x_u(t-s) \\ \dot{x}_s(t-s) \end{bmatrix}, \quad y_c(t)=\begin{bmatrix} \ddot{x}_s(t) \\ x_s(t)-x_u(t) \\ x_u(t)-x_r(t) \end{bmatrix}$$

式中，k_{1s} 和 k_{2s} 分别是悬架的线性和非线性刚度系数；b_s 是控悬架的阻尼；k_t 是轮胎的刚度；m_s 是汽车底盘的簧载质量；m_u 是车轮总成的非簧载质量；x_s 和 x_u 分别是簧载质量和非簧载质量的位移；x_r 是道路位移输入；u 是控制力；y_m 是测量输出；y_c 是受控输出；τ 是执行器延迟；s 是测量延迟。

令

$$x=[x_1,x_2,x_3,x_4]^{\mathrm{T}}$$

式中，

$$x_1(t)=x_s(t)-x_u(t), \quad x_2(t)=x_u(t)-x_r(t), \quad x_3(t)=\dot{x}_s(t), \quad x_4(t)=\dot{x}_u(t)$$

即悬架挠度 x_1、轮胎挠度 x_2、簧载质量速度的响应 x_3 和非簧载质量速度的响应 x_4。悬挂系统[式(2-12)]的状态空间表达式为

$$\begin{cases} \dot{x}(t)=Ax(t)+b_1u(t-\tau)+dv(t)+f(x) \\ y_m(t)=Cx(t-s) \\ y_c(t)=C_0x(t)+e_0u(t-\tau) \\ x(t)=\alpha(t), \quad t\in[-s,0] \\ u(t)=0, \quad t\in[-\tau,0) \end{cases} \tag{2-13}$$

式中，$f(x)$ 是非线性向量函数。

$$A = \begin{bmatrix} 0 & 0 & 1 & -1 \\ 0 & 0 & 0 & 1 \\ \dfrac{-k_{1s}}{m_s} & 0 & \dfrac{-b_s}{m_s} & \dfrac{b_s}{m_s} \\ \dfrac{k_{1s}}{m_u} & \dfrac{-k_t}{m_u} & \dfrac{b_s}{m_u} & \dfrac{-b_s}{m_u} \end{bmatrix}, \quad b_1 = \begin{bmatrix} 0 \\ 0 \\ \dfrac{1}{m_s} \\ \dfrac{-1}{m_u} \end{bmatrix}, \quad C = \begin{bmatrix} 1 & 0 & 0 & 0 \\ 0 & 0 & 1 & 0 \end{bmatrix},$$

$$C_0 = \begin{bmatrix} \dfrac{-k_{1s}}{m_s} & 0 & \dfrac{-b_s}{m_s} & \dfrac{b_s}{m_s} \\ 1 & 0 & 0 & 0 \\ 0 & 1 & 0 & 0 \end{bmatrix}, \quad d = \begin{bmatrix} 0 \\ -1 \\ 0 \\ 0 \end{bmatrix}, \quad e_0 = \begin{bmatrix} \dfrac{1}{m_s} \\ 0 \\ 0 \end{bmatrix}, \quad f(x) = \begin{bmatrix} 0 \\ 0 \\ \dfrac{-k_{2s}}{m_s} x_1^3 \\ \dfrac{k_{2s}}{m_u} x_1^3 \end{bmatrix}$$

令 $b = \mathrm{e}^{-A\tau} b_1$，$\bar{C}_m = C\mathrm{e}^{-As}$，$\bar{C}_c = C_0$，由

$$z(t) = x(t) + \int_{t-\tau}^{t} \mathrm{e}^{A(t-\delta)} bu(\delta)\mathrm{d}\delta$$

$$\eta_m(t) = y_m(t) + \bar{C} \left\{ \int_{t-s-\tau}^{t} \mathrm{e}^{A(t-\delta)} bu(\delta)\mathrm{d}\delta + \int_{t-s}^{t} \mathrm{e}^{A(t-\delta)} \{dv(\delta) + f[x(\delta)]\}\mathrm{d}\delta \right\}$$

$$\eta_c(t) = y_c(t) + C_0 \int_{t-\tau}^{t} \mathrm{e}^{A(t-\delta)} bu(\delta)\mathrm{d}\delta - e_0 u(t-\tau)$$

系统 [式(2-13)] 被转换为以下等价的无时滞系统：

$$\begin{cases} \dot{z}(t) = Az(t) + bu(t) + dv(t) + f(x) \\ \eta_m(t) = \bar{C}_m z(t) \\ \eta_c(t) = \bar{C}_c z(t) \\ z(0) = \alpha_0 \end{cases} \tag{2-14}$$

式中，

$$x(t) = z(t) - \int_{t-\tau}^{t} \mathrm{e}^{A(t-\delta)} bu(\delta)\mathrm{d}\delta$$

$$y_m(t) = \eta_m(t) - \bar{C}_m \left\{ \int_{t-s-\tau}^{t} \mathrm{e}^{A(t-\delta)} bu(\delta)\mathrm{d}\delta + \int_{t-s}^{t} \mathrm{e}^{A(t-\delta)} \{dv(\delta) + f[x(\delta)]\}\mathrm{d}\delta \right\}$$

$$y_c(t) = \eta_c(t) - \bar{C}_c \int_{t-\tau}^{t} \mathrm{e}^{A(t-\delta)} bu(\delta)\mathrm{d}\delta + e_0 u(t-\tau)$$

2.3.2　路面扰动

在本小节中，将根据频谱特性构建路面振动的外系统。根据 ISO 2631 标准，路面位移功率谱密度可近似地表示为

$$S(\Omega) = C_s \Omega^{-2} = 4^{\bar{\omega}} \times 10^{-7} \cdot \Omega^{-2}$$

式中，Ω 为空间频率；C_s 为路面粗糙度常数；$\bar{\omega}$ 为路面种类，如表 2-1 所示。

表 2-1　路面等级、路面粗糙度常数和路面种类的关系

项　目	路面等级				
	A	B	C	D	E
$C_s(\times 10^{-7}\,\mathrm{m^3/rad})$	1	4	16	64	256
$\overline{\omega}$	0	1	2	3	4

由于汽车轮胎和悬架具有低通滤波特性,因此可以通过有限傅里叶级数和来近似模拟路面位移 x_r:

$$x_r(t) = \sum_{j=1}^{p} \zeta_j(t) \triangleq \sum_{j=1}^{p} \phi_j \sin(\omega_j t + \theta_j)$$

式中,$\omega_j = j\omega_0(j=1,2,\cdots,p)$ 是时频间隔为 $\omega_0 = 2\pi v_0/l$ 时的频率;θ_j 是在 $[0,2\pi)$ 中服从均匀分布的随机相位;v_0 是水平车速;l 是道路长度。正整数 p 用来限制所考虑的频带。在此类简化模型中,该频带通常低于 20 Hz。根据随机过程理论,第 j 个频率的平均功率为

$$S(j\Delta\Omega) \times \Delta\Omega = \phi_j^2/2$$

式中,$\Delta\Omega = 2\pi/l$ 是空间频率间隔。将功率谱密度代入频率得到第 j 个振幅为

$$\phi_j = \sqrt{2S(j\Delta\Omega)\Delta\Omega} = \frac{2^{\overline{\omega}}}{10^3 j}\sqrt{\frac{l}{10\pi}}$$

将扰动状态向量表示为

$$w(t) = [w_1(t), w_2(t), \cdots, w_{2p}(t)]^{\mathrm{T}}$$
$$= [\zeta_1(t), \zeta_2(t), \cdots, \zeta_p(t), \dot{\zeta}_1(t), \dot{\zeta}_2(t), \cdots, \dot{\zeta}_p(t)]^{\mathrm{T}}$$

在外系统[式(2-2)]中

$$G = \begin{bmatrix} \mathbf{0}_p & \mathbf{I}_p \\ \overline{G} & \mathbf{0}_p \end{bmatrix}, \quad F = [\mathbf{0}_p 1, \cdots, 1], \quad \overline{G} = \mathrm{diag}\{-\omega_0^2, -2\omega_0^2, \cdots, -p\omega_0^2\}$$

则随机扰动 $w(t)$ 由外系统[式(2-2)]描述。

2.3.3　控制器设计

在实际应用中,为了节约能量和满足乘坐舒适性,控制力和控制输出应尽量小,因此选择平均性能指标:

$$J = \lim_{T \to \infty} \frac{1}{T} \int_0^T [\hat{z}^{\mathrm{T}}(t)Q\hat{z}(t) + u^{\mathrm{T}}(t)Ru(t)]\mathrm{d}t$$

根据定理 2-1,悬架[式(2-14)]的非线性最优内模减振控制为

$$u_M(t) = -R^{-1}b^{\mathrm{T}}\left(P\left[x_M(t) + \int_{t-\tau}^{t} \mathrm{e}^{A(t-\delta)}bu(\delta)\mathrm{d}\delta\right] + [P_1\xi(t) + g_M(t)]\right)$$

式中,P 和 P_1 是以下矩阵方程的唯一解:

$$\begin{cases} A^{\mathrm{T}}P + PA + P_1 N\overline{C}_m + \overline{C}_m^{\mathrm{T}} N^{\mathrm{T}} P_1^{\mathrm{T}} - PbR^{-1}b^{\mathrm{T}}P + \overline{Q}_1 = \mathbf{0} \\ AP_1 + P_1\gamma + \overline{C}_m^{\mathrm{T}} N^{\mathrm{T}} P_2^{\mathrm{T}} - PbR^{-1}b^{\mathrm{T}}P_1 + \overline{Q}_2 = \mathbf{0} \\ \gamma^{\mathrm{T}} P_2 + P_2\gamma - P_1^{\mathrm{T}} bR^{-1}b^{\mathrm{T}}P_1 + \overline{Q}_3 = \mathbf{0} \end{cases}$$

$g^k(t)$ 是以下伴随微分方程的唯一解:

$$g_0(t) = \mathbf{0}$$

$$g_k(t) = \int_t^{\infty} \Phi(t,\delta)\{Pf(x_{k-1}(\delta)) + P_1\xi(\delta) + g_{k-1}(\delta)\}d\delta, \quad k = 1,2,\cdots$$

$$g_k(\infty) = \mathbf{0}$$

且 $x^k(t)$ 满足方程

$$z_0(t) = \mathbf{\Psi}(t,0)\alpha_0$$

$$z_k(t) = \mathbf{\Psi}(t,0)\alpha_0 + \int_0^t \mathbf{\Psi}(t,\delta)\{\bar{f}[x_{k-1}(\delta)] - bR^{-1}b^{\mathrm{T}}\bar{g}_k(\delta) - bR^{-1}b^{\mathrm{T}}P\xi(\delta)\}d\delta$$

$$z_k(0) = \alpha_0$$

$$x_k(t) = z_k(t) - \int_{t-\tau}^t e^{A(t-\delta)}bu_k(\delta)d\delta$$

式中，$\mathbf{\Psi}$ 表示对应于矩阵 $A-bR^{-1}b^{\mathrm{T}}P$ 的转移矩阵。

动态次优振动控制器为

$$\dot{\psi}(t) = (H-L\bar{C})[A\mathbf{\Pi}_2\psi(t) + bu(t) + f(x(t)) + A(\mathbf{\Pi}_2L+\mathbf{\Pi}_1)\eta_m(t)]$$

$$u_M(t) = -R^{-1}b^{\mathrm{T}}\{g(t) + P_1\xi(t) + P[\mathbf{\Pi}_2\psi(t) + (\mathbf{\Pi}_1+\mathbf{\Pi}_2L)\eta_m(t)]\}$$

这样，在下面的仿真中将验证所设计的控制器。

2.3.4 仿真实验

在本小节中，将非线性最优内模减振控制器应用于正弦路面输入下的具有执行器时滞的四分之一汽车悬架系统。四分之一汽车悬架参数取值如表 2-2 所示。

表 2-2　四分之一汽车悬架参数取值

参　　数	变　量	取　　值
簧载质量/kg	m_s	320
非簧载质量/kg	m_u	40
线性悬架刚度/(N/m)	k_{1s}	18000
非线性悬架刚度/(N/m³)	k_{2s}	16000
轮胎刚度/(N/m)	k_t	200000
悬架阻尼/(Ns/m)	b_s	1000

这样，汽车悬架系统[式(2-14)]中的矩阵参数值为

$$A = \begin{bmatrix} 0 & 0 & 1 & -1 \\ 0 & 0 & 0 & 1 \\ -56.3 & 0 & -3.1 & 3.1 \\ 450 & -5000 & 25 & -25 \end{bmatrix}, \quad b_1 = \begin{bmatrix} 0 \\ 0 \\ 0.0031 \\ -0.025 \end{bmatrix}, \quad d = \begin{bmatrix} 0 \\ -1 \\ 0 \\ 0 \end{bmatrix}$$

$$C_0 = \begin{bmatrix} -56.3 & 0 & -3.1 & -3.1 \\ 1 & 0 & 0 & 0 \\ 0 & 1 & 0 & 0 \end{bmatrix}, \quad e_0 = \begin{bmatrix} 0.0031 \\ 0 \\ 0 \end{bmatrix}, \quad f(x) = \begin{bmatrix} 0 \\ 0 \\ -500x_1^3 \\ 4000x_1^3 \end{bmatrix}$$

取 $\omega = 0.68$ 和 $\phi = 1$ 形成正弦信号的道路扰动信号。性能指数中 $R = 1/1000$ 且 $Q =$

diag$(3500,20,12000,20000)$。使用非线性最优内模减振控制(nonlinear optimal internal model control,NOIMC)与前馈—反馈控制(FFOC)进行比较,分别以执行器时滞 τ 为 0.03 或 0.5 的四分之一汽车悬架进行仿真。悬架挠度、轮胎挠度、簧载质量速度的响应和控制输入如图 2-2 和图 2-3 所示。

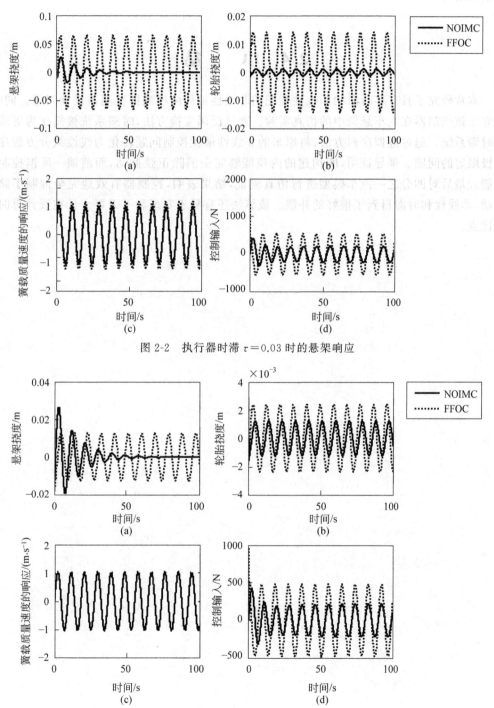

图 2-2　执行器时滞 $\tau = 0.03$ 时的悬架响应

图 2-3　执行器时滞 $\tau = 0.5$ 时的悬架响应

从图 2-2 和图 2-3 可以看出,在 NOIMC 下,悬架响应在悬架挠度、轮胎挠度和簧载质量速度的响应方面的幅度低于 FFOC 下的幅度。特别是,NOIMC 可以完全消除正弦扰动产生的影响,而 FFOC 则不能,这是基于内模的控制器相对于其他控制器的优势(如前馈—反馈控制)。

2.4 小 结

本章研究了具有多时滞的非线性系统的非线性最优内模减振控制器设计问题。同时,研究了该控制器在汽车悬架中的仿真实验。通过泛函变换方法,时滞系统被简化为等效的无时滞系统。通过近似序列方法,将原来的非线性最优控制问题转化为线性微分方程序列的极限解的问题。推导证明,所构建的内模能够完全消除正弦振动,而前馈—反馈控制则不能。最后对四分之一汽车模型进行仿真验证,结果表明,控制器有效地完全抑制了路面振动,非线性和时滞得到了很好的补偿。该算法还有易于实现和不需要大量在线计算时间的优点。

第3章 基于扩展高增益观测器的主动悬架输出反馈控制

关于汽车悬架减振控制学术界已经研究了几十年。传统状态反馈控制方法很多,如滑模控制、预测控制、最优控制、增益调度控制、$H\infty$控制、反馈线性化、神经网络、模糊控制、混合控制等。在实际工程中,由于系统状态无法完全测量到或出于经济因素的考虑等原因,并不总是能在物理上完全实现状态反馈控制。为了解决这个问题,研究人员利用观测器对不可测量的状态进行重构。

扩展高增益观测器(extended high-gain observer,EHGO)自被提出以来已经被研究了10多年。与其他观测器相比,它的优点是不仅克服了建模的不确定性,而且通过使用EGHO输出反馈能够恢复系统在状态反馈下的性能。也就是说,如果状态反馈控制下的闭环系统是指数稳定的,那么通过使用EGHO输出反馈控制下的闭环系统也可以达到指数稳定,并且,状态轨迹也接近前者,这是扩展高增益观测器相对于其他观测器的独特特征。然而,以前使用EHGO输出反馈控制侧重于证明系统的渐近稳定性,很少有证明输入—状态稳定性(input-state stability,ISS),更不用说区域输入—状态稳定性(regional input-state stability,RISS)了。但在实践应用中,对悬架减振控制器的设计不必要求达到渐近稳定,从而损失更多的能量和花费,而且在现实中,人们不能也不需要完全抑制来自路面轮廓多样性的路面振动。期望或可接受的情况是振动可以被抑制在人们身体不会意识到的特定范围内,在控制领域将它称为实用稳定性或ISS。但实际上,只有RISS可以实现,因为真实的物理值有其无法超越的限制。

本章研究的目的是探索如何利用EHGO来设计RISS意义上的汽车悬架输出反馈减振控制器以及要获得汽车悬架RISS控制器应满足的条件。本章介绍了汽车悬架系统的EGHO减振控制器设计方法。与以往研究不同的是,本章研究提出了一个RISS控制器(包括指数稳定)。为了达到这个目的,首先,将原来的悬架动力学方程转化为标准式。然后,设计一个反馈线性化控制器作为状态反馈控制,使闭环系统达到区域输入—状态稳定。在此基础上,提出了使用EHGO的输出反馈控制,并且论证了由状态闭环系统和尺度误差方程组成的奇异摄动系统的稳定性。最后,通过仿真示例验证了在足够小的高增益参数下,输出反馈控制将恢复在状态反馈控制下的性能,悬架性能的响应优于后者。

3.1 系统建模

考虑一个非线性四分之一汽车悬架模型,其动力学由式(3-1)给出:

$$\begin{cases} m_s\ddot{x}_s+b_s(\dot{x}_s-\dot{x}_u)+k_{1s}(x_s-x_u)+k_{2s}(x_s-x_u)^3-u=0 \\ m_u\ddot{x}_u-b_s(\dot{x}_s-\dot{x}_u)-k_{1s}(x_s-x_u)-k_{2s}(x_s-x_u)^3+k_t(x_u-x_r)+ \\ b_t(\dot{x}_u-\dot{x}_r)+u=0 \end{cases} \quad (3\text{-}1)$$

式中，$x_s(t)$ 和 $x_u(t)$ 分别是簧载质量和非簧载质量的位移；$x_r(t)$ 是输入轮胎的道路位移；$u(t)$ 是主动控制力；k_{1s} 是悬架的线性刚度系数；k_{2s} 是悬架非线性刚度系数；m_s 是簧载质量，代表汽车底盘；m_u 是非簧载质量，代表车轮总成的质量；b_s 是不受控悬架的阻尼；k_t 和 b_t 分别代表充气轮胎的刚度和阻尼。令

$$x_1=x_s-x_u, \quad x_2=x_u-x_r, \quad x_3=\dot{x}_s, \quad x_4=\dot{x}_u, \quad w=\dot{x}_r$$

式中，$x_1(t)$ 是悬架挠度；$x_2(t)$ 是轮胎挠度；$x_3(t)$ 是簧载质量速度的响应；$x_4(t)$ 是非簧载质量速度的响应；扰动向量 $w\in\mathbb{W}$ 是 x_r 关于时间的导数，其中 $\mathbb{W}$ 是有界集，这样系统[式(3-1)]可描述为

$$\begin{cases} \dot{x}_1=x_3-x_4 \\ \dot{x}_2=x_4-w \\ \dot{x}_3=-\dfrac{k_{1s}}{m_s}x_1-\dfrac{b_s}{m_s}x_3+\dfrac{b_s}{m_s}x_4-\dfrac{k_{2s}}{m_s}x_1^3+\dfrac{1}{m_s}u \\ \dot{x}_4=\dfrac{k_{1s}}{m_u}x_1-\dfrac{k_t}{m_u}x_2+\dfrac{b_s}{m_u}x_3-\dfrac{b_t+b_s}{m_u}x_4+\dfrac{k_{2s}}{m_u}x_1^3+\dfrac{b_t}{m_u}w-\dfrac{1}{m_u}u \\ y=x_1 \end{cases} \quad (3\text{-}2)$$

式中，$y(t)$ 是输出向量，可以通过声波或雷达发射/接收器测量。系统[式(3-2)]的状态空间表达式为

$$\begin{bmatrix} \dot{x}_1 \\ \dot{x}_2 \\ \dot{x}_3 \\ \dot{x}_4 \end{bmatrix}=\begin{bmatrix} 0 & 0 & 1 & -1 \\ 0 & 0 & 0 & 1 \\ -\dfrac{k_{1s}}{m_s} & 0 & -\dfrac{b_s}{m_s} & \dfrac{b_s}{m_s} \\ \dfrac{k_{1s}}{m_u} & -\dfrac{k_t}{m_u} & \dfrac{b_s}{m_u} & -\dfrac{b_t+b_s}{m_u} \end{bmatrix}\begin{bmatrix} x_1 \\ x_2 \\ x_3 \\ x_4 \end{bmatrix}+\begin{bmatrix} 0 \\ -1 \\ 0 \\ \dfrac{b_t}{m_u} \end{bmatrix}w+\begin{bmatrix} 0 \\ 0 \\ \dfrac{1}{m_s} \\ -\dfrac{1}{m_u} \end{bmatrix}u+\begin{bmatrix} 0 \\ 0 \\ -\dfrac{k_{2s}}{m_s}x_1^3 \\ \dfrac{k_{2s}}{m_u}x_1^3 \end{bmatrix}$$

$$y=\begin{bmatrix} 1 & 0 & 0 & 0 \end{bmatrix}x \quad (3\text{-}3)$$

系统[式(3-3)]的相对度为2。定义新变量

$$\begin{cases} \eta_1=m_sx_3+m_ux_4 \\ \eta_2=x_2 \\ \xi_1=x_1 \\ \xi_2=x_3-x_4 \end{cases}$$

将系统[式(3-3)]转换为标准型：

$$\begin{cases} \dot{\eta}_1=-\dfrac{b_t}{m_s+m_u}\eta_1-k_t\eta_2+\dfrac{b_tm_s}{m_s+m_u}\xi_2+b_tw \\ \dot{\eta}_2=\dfrac{1}{m_s+m_u}\eta_1-\dfrac{m_s}{m_s+m_u}\xi_2-w \end{cases}$$

$$\begin{cases} \dot{\xi}_1 = \xi_2 \\ \dot{\xi}_2 = -k_{1s}\left(\dfrac{1}{m_s}+\dfrac{1}{m_u}\right)\xi_1 - \left[b_s\left(\dfrac{1}{m_s}+\dfrac{1}{m_u}\right)+\dfrac{b_t m_s}{m_u(m_s+m_u)}\right]\xi_2 + \dfrac{b_t}{m_u(m_s+m_u)}\eta_1 + \\ \qquad \dfrac{k_t}{m_u}\eta_2 - k_{2s}\left(\dfrac{1}{m_s}+\dfrac{1}{m_u}\right)\xi_1^3 - \dfrac{b_t}{m_u}w + \left(\dfrac{1}{m_s}+\dfrac{1}{m_u}\right)u \end{cases}$$

$$(3\text{-}4)$$

式中，η-系统是内部动力学；；ξ-系统是外部动力学。令 $\eta=[\eta_1 \ \eta_2]^{\mathrm{T}}$，$\xi=[\xi_1 \ \xi_2]^{\mathrm{T}}$，则标准型[式(3-4)]被重新组织为简洁形式：

$$\begin{cases} \dot{\eta}=G(\eta,\xi,w) \\ \dot{\xi}=A\xi+B[b(\eta,\xi,w)+au] \end{cases}$$

式中，

$$G(\eta,\xi,w)=\begin{bmatrix} -\dfrac{b_t}{m_s+m_u}\eta_1 - k_t\eta_2 + \dfrac{b_t m_s}{m_s+m_u}\xi_2 + b_t w \\ \dfrac{1}{m_s+m_u}\eta_1 - \dfrac{m_s}{m_s+m_u}\xi_2 - w \end{bmatrix},$$

$$A=\begin{bmatrix} 0 & 1 \\ 0 & 0 \end{bmatrix}, \quad B=\begin{bmatrix} 0 \\ 1 \end{bmatrix},$$

$$b(\eta,\xi,w)=-k_{1s}\left(\dfrac{1}{m_s}+\dfrac{1}{m_u}\right)\xi_1 - \left[b_s\left(\dfrac{1}{m_s}+\dfrac{1}{m_u}\right)+\dfrac{b_t m_s}{m_u(m_s+m_u)}\right]\xi_2 + \\ \dfrac{b_t}{m_u(m_s+m_u)}\eta_1 + \dfrac{k_t}{m_u}\eta_2 - k_{2s}\left(\dfrac{1}{m_s}+\dfrac{1}{m_u}\right)\xi_1^3 - \dfrac{b_t}{m_u}w,$$

$$a=\dfrac{1}{m_s}+\dfrac{1}{m_u}$$

3.2 控制器设计

本节将展示使用扩展高增益观测器设计状态反馈控制和输出反馈控制的过程，以及相关的仿真示例。

3.2.1 状态反馈控制

设计反馈线性化控制如下：

$$\begin{aligned} u &= \dfrac{-b(\eta,\xi,w)-k_1\xi_1-k_2\xi_2}{a} \\ &= \dfrac{1}{\dfrac{1}{m_s}+\dfrac{1}{m_u}}\left\{k_{1s}\left(\dfrac{1}{m_s}+\dfrac{1}{m_u}\right)\xi_1 + \left[b_s\left(\dfrac{1}{m_s}+\dfrac{1}{m_u}\right)+\dfrac{b_t m_s}{m_u(m_s+m_u)}\right]\xi_2 - \right. \\ &\quad \left. \dfrac{b_t}{m_u(m_s+m_u)}\eta_1 - \dfrac{k_t}{m_u}\eta_2 + k_{2s}\left(\dfrac{1}{m_s}+\dfrac{1}{m_u}\right)\xi_1^3 + \dfrac{b_t}{m_u}w - k_1\xi_1 - k_2\xi_2\right\} \end{aligned}$$

$$(3\text{-}5)$$

作为状态反馈控制器,这样闭环系统为

$$\dot{\chi} = \Gamma(\chi, w) \tag{3-6}$$

式中,

$$\chi = \begin{bmatrix} \eta \\ \xi \end{bmatrix}, \quad \Gamma(\chi, w) = \begin{bmatrix} G(\eta, \xi, w) \\ (A - BK)\xi \end{bmatrix}$$

且 $K = [k_1 \quad k_2]$,其使 $A\text{-}BK$ 为 Hurwitz。

因为输出反馈控制下的系统将被视为状态反馈控制下的扰动系统,因而,在设计输出反馈控制之前,需要确保式(3-6)的稳定性。该系统有以下两个事实。

事实 1:当持续扰动 $w \neq 0$ 时,如扰动是一个正弦信号,则式(3-6)的零动态是

$$\begin{cases} \dot{\eta}_1 = -\dfrac{b_t}{m_s + m_u}\eta_1 - k_t\eta_2 + b_t w \\[3mm] \dot{\eta}_2 = \dfrac{1}{m_s + m_u}\eta_1 - w \end{cases}$$

它是关于 $\mathbf{X}_\eta \times \mathbf{W}$ 区域输入—状态稳定的,其中 $\mathbf{X}_\eta$ 和 $\mathbf{W}$ 是包含原点作为内部点的有界集。因此,闭环系统[式(3-6)]相对于 $\mathbf{X} \times \mathbf{W}$ 是区域输入—状态稳定的,其中 $\mathbf{X} = \mathbf{X}_\eta \times \mathbf{X}_\xi$ 和 $\mathbf{X}_\xi$ 是包含原点作为其内点的有界集。

参考相关文献中关于 RISS 的定义和定理,以及全局和局部 ISS 的定义,将 RISS 的特性归纳如下。

【引理 3-1】 (RISS)连续系统 $z(t) = f(z, v)$ 的以下特性是等价的。

(1) $\mathbf{Z} \times \mathbf{V}$ 是区域输入—状态稳定的。

(2) 存在 $\varphi \in \mathcal{KL}$ 和 $\mu \in \mathcal{K}$,使得对于任何 $z(t_0) \in \mathbf{Z}$ 和 $v(t) \in \mathbf{V}$,其中 $\mathbf{Z} \subset \mathbf{R}^n$ 和 $\mathbf{V} \subset \mathbf{R}^m$ 是包含它们各自的原点作为内部点的有界集,解 $z(t)$ 属于 $\mathbf{Z}$,且满足

$$\|z(t)\| \leqslant \max\{\varphi(\|z(t_0)\|, t - t_0), \mu(\|v\|)\}, \quad \forall t \geqslant t_0$$

(3) 存在 RISS-Lyapunov 函数 $V(z)$ 并且 $\alpha_i, \beta \in \mathcal{K}(i = 1, 2, 3)$,对所有 $z \in \mathbf{Z}$ 和 $v \in \mathbf{V}$,满足

$$\alpha_1(\|z\|) \leqslant V(z) \leqslant \alpha_2(\|z\|)$$

$$\frac{\partial V}{\partial z} f(z, v) \leqslant -\alpha_3(\|z\|) + \beta(\|v\|)$$

(4) 存在 RISS-Lyapunov 函数 $V(z)$,$\alpha_i \in \mathcal{K}(i = 1, 2, 4)$ 和 $\bar{\beta} \in \mathcal{K}$,对所有 $z \in \mathbf{Z}$ 和 $v \in \mathbf{V}$,满足

$$\alpha_1(\|z\|) \leqslant V(z) \leqslant \alpha_2(\|z\|)$$

$$\frac{\partial V}{\partial z} f(z, v) \leqslant -\alpha_4(\|z\|), \quad \forall z \geqslant \bar{\beta}(\|v\|)$$

事实 1 证明:由于 $\dot{\eta} = G(\eta, 0, w)$ 是 RISS,根据引理 3-1,存在 $\varphi_1 \in \mathcal{KL}$ 和 $\mu \in \mathcal{K}$,使得对 $\eta(t_0) \in \mathbf{X}_\eta$,$w \in \mathbf{W}$ 和 $\eta(t) \in \mathbf{X}_\eta$,满足

$$\|\eta(t)\| \leqslant \max\{\varphi_1(\|\eta(t_0)\|, t - t_0), \mu(\|w\|)\}$$

这表明系统 $\dot{\eta} = G(\eta, \xi, w)$ 是 RISS,即视 (ξ, w) 作它的输入,则存在 $\bar{\mu} \in \mathcal{K}$,使得对 $\eta(t_0) \in \mathbf{X}_\eta$,$(\xi, w) \in \mathbf{X}_\xi \times \mathbf{W}$ 和 $\eta(t) \in \mathbf{X}_\eta$,满足

$$\|\eta(t)\| \leqslant \max\{_1(\|\eta(t_0)\|, t-t_0), \bar{\mu}[(\xi)], \mu(\|w\|)\} \tag{3-7}$$

由于 $\dot{\xi} = (A-BK)\xi$ 是指数稳定的,因而,存在 $\varphi_2 \in \mathcal{KL}$,使得对 $\xi(t_0) \in \mathbb{X}_\xi$:

$$\|\xi(t)\| \leqslant \varphi_2(\|\xi(t_0)\|, t-t_0) \tag{3-8}$$

将式(3-8)代入式(3-7)得到

$$\|\eta(t)\| \leqslant \max\{\varphi_1(\|\eta(t_0)\|, t-t_0), \bar{\mu}\circ\varphi_2(\|\xi(t_0)\|, t-t_0), \mu(\|w\|)\}$$
$$\leqslant \max\{\max\{\varphi_1(\|\eta(t_0)\|, t-t_0), \bar{\mu}\circ\varphi_2(\|\xi(t_0)\|, t-t_0)\}, \mu(\|w\|)\}$$
$$\leqslant \max\left\{\varphi_3\left(\left\|\begin{bmatrix}\eta(t_0)\\\xi(t_0)\end{bmatrix}\right\|, t-t_0\right), \mu(\|w\|)\right\}$$

式中,$\varphi_3 \in \mathcal{KL}$,$\varphi_3 = \max\{\varphi_1, \bar{\mu}\circ\varphi_2\}$。类似地,由式(3-8),有

$$\|\xi(t)\| \leqslant \varphi_2(\|\xi(t_0)\|, t-t_0) \leqslant \varphi_2\left(\left\|\begin{bmatrix}\eta(t_0)\\\xi(t_0)\end{bmatrix}\right\|, t-t_0\right)$$

故存在 $\varphi = \sqrt{\varphi_2^2+\varphi_3^2} \in \mathcal{KL}$,使得对 $(\eta(t_0), \xi(t_0)) \in \mathbb{X}_\eta \times \mathbb{X}_\xi$ 和 $(\eta(t), \xi(t)) \in \mathbb{X}$,满足

$$\left\|\begin{bmatrix}\eta(t)\\\xi(t)\end{bmatrix}\right\| \leqslant \max\left\{\varphi\left(\left\|\begin{bmatrix}\eta(t_0)\\\xi(t_0)\end{bmatrix}\right\|, t-t_0\right), \mu(\|w\|)\right\}$$

根据引理 3-1,系统[式(3-6)]是 RISS。事实 3-1 得证。

仿真 1：悬架模型的参数值如表 3-1 所示。

表 3-1 悬架模型的参数值

参　　数	变　量	取　　值
簧载质量/kg	m_s	350
非簧载质量/kg	m_u	59
线性悬架刚度/(N/m)	k_{1s}	14500
非线性悬架刚度/(N/m³)	k_{2s}	160000
悬架刚度/(N/m)	k_t	190000
悬架阻尼/(Ns/m)	b_s	1100
轮胎阻尼/(Ns/m)	b_t	170

假设路面位移 x_r 是一个正弦信号,即 $x_r = 0.01\sin(t)$,如图 3-1(a)和图 3-1(b)所示。图 3-1(c)为状态反馈控制[式(3-5)],其中 $k_1=1, k_2=2$ 和 $(x_1(0), x_2(0), x_3(0), x_4(0)) = (0.01, 0.01, 0, 0)$,悬架挠度 x_1、轮胎挠度 x_2、簧载质量速度的响应 x_3 和非簧载质量速度的响应 x_4 如图 3-2 所示。从图 3-2 中可以观察到,在持续正弦扰动作用且零动态为 RISS 的情况下,系统状态在状态反馈控制下表现出输入—状态稳定。

事实 2：当扰动 $w=0$ 或为衰减信号时,零动态为

$$\begin{cases}\dot{\eta}_1 = -\dfrac{b_t}{m_s+m_u}\eta_1 - k_t\eta_2 \\ \dot{\eta}_2 = \dfrac{1}{m_s+m_u}\eta_1\end{cases}$$

由于 $b_t \ll k_t$,它的原点呈指数稳定。因此,闭环系统[式(3-6)]是原点指数稳定的。

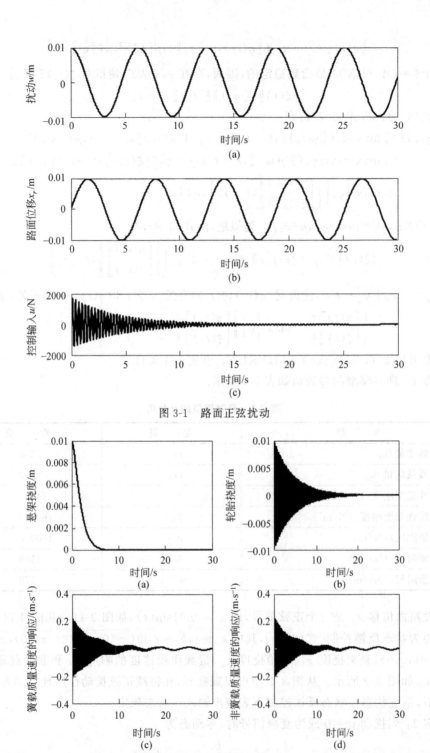

图 3-1　路面正弦扰动

图 3-2　正弦扰动下悬架挠度、轮胎挠度、簧载质量速度的响应和非簧载质量速度的响应

仿真 2：采用了与仿真 1 相同的悬挂模型。但现在选择一个衰减信号作为扰动，即 $w = -0.01\exp(-t)$。w、x_r、u 如图 3-3 所示，悬架挠度 x_1、轮胎挠度 x_2、簧载质量速度的

响应 x_3 和非簧载质量速度的响应 x_4 如图 3-4 所示。可以观察到,在衰减扰动作用且零动态为指数稳定的情况下,汽车悬架状态也呈指数稳定。

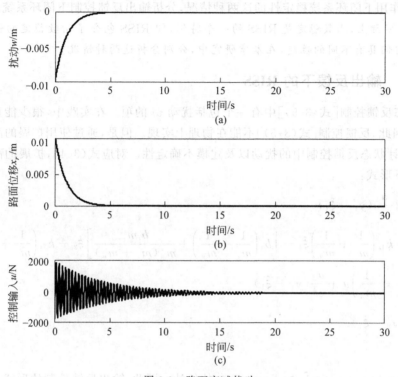

图 3-3 路面衰减扰动

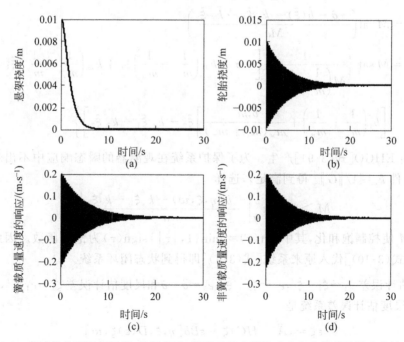

图 3-4 衰减扰动下悬架挠度、轮胎挠度、簧载质量速度的响应和非簧载质量速度的响应

由上述分别针对零动态为 RISS 和指数稳定两种情况的分析可以看出,闭环系统[式(3-6)]分别具有 RISS 和指数稳定两种情况。在第 3.2.2 小节中,将根据状态反馈控制[式(3-5)]作用下闭环系统稳定性的这两种情况,分析输出反馈控制下闭环系统的稳定性。

注意:实际上,指数稳定是 RISS 的一个特例,即 RISS 包含了指数稳定的情况。但是为了突出它们具有不同的性质,在本章研究中,分别分析这两种情况。

3.2.2 输出反馈下的 RISS

在状态反馈控制[式(3-5)]中有一个包括扰动 w 的项。在实践中,很少能直接测量到扰动 w。因此,反馈控制[式(3-5)]不能在物理上实现。但是,通过使用扩展的高增益观测器,可以估计状态反馈控制中的扰动以及建模不确定性。对应式(3-4),扩展的高增益观察器采用以下形式:

$$
\begin{cases}
\dot{\hat{\xi}}_1 = \hat{\xi}_2 + \dfrac{a_1}{\varepsilon}(y_1 - \hat{\xi}_1) \\[2mm]
\dot{\hat{\xi}}_2 = \hat{\sigma} - k_{1s}\left(\dfrac{1}{m_s} + \dfrac{1}{m_u}\right)\hat{\xi}_1 - \left[b_s\left(\dfrac{1}{m_s} + \dfrac{1}{m_u}\right) + \dfrac{b_t m_s}{m_u(m_s + m_u)}\right]\hat{\xi}_2 - k_{2s}\left(\dfrac{1}{m_s} + \dfrac{1}{m_u}\right)\hat{\xi}_1^3 + \\[3mm]
\qquad \left(\dfrac{1}{m_s} + \dfrac{1}{m_u}\right)u + \dfrac{a_2}{\varepsilon^2}(y_1 - \hat{\xi}_1) \\[3mm]
\dot{\hat{\sigma}} = \dfrac{a_3}{\varepsilon^3}(y_1 - \hat{\xi}_1)
\end{cases}
$$

$$(3-9)$$

式中,$\hat{\sigma}$ 为 $\sigma = b(\eta, \xi, w) - \hat{b}(\xi) + (a - \hat{a})u$ 的估计。因此,输出反馈控制的形式为

$$
\begin{aligned}
u &= M \operatorname{sat}\left(\frac{-\hat{\sigma} - \hat{b}(\hat{\xi}) - k_1 \hat{\xi}_1 - k_2 \hat{\xi}_2}{Ma}\right) \\
&= M \operatorname{sat}\left\{\frac{1}{M\left(\dfrac{1}{m_s} + \dfrac{1}{m_u}\right)}\left[-\hat{\sigma} + k_{1s}\left(\dfrac{1}{m_s} + \dfrac{1}{m_u}\right)\hat{\xi}_1 + k_{2s}\left(\dfrac{1}{m_s} + \dfrac{1}{m_u}\right)\hat{\xi}_1^3 + \right.\right. \\
&\qquad \left.\left. \left[b_s\left(\dfrac{1}{m_s} + \dfrac{1}{m_u}\right) + \dfrac{b_t m_s}{m_u(m_s + m_u)}\right]\hat{\xi}_2 - k_1 \hat{\xi}_1 - k_2 \hat{\xi}_2\right]\right\}
\end{aligned}
$$

$$(3-10)$$

式中,$\hat{\xi}$、$\hat{\sigma}$ 由 EHGO[式(3-9)]产生。为了保护系统在观测器的瞬态响应中不出现峰值(由于 $\hat{a} = a$,条件 $k_a \leqslant 1/\|G\|_\infty$ 得到满足),选择

$$
M \geqslant \max_{\chi \in \Omega, w \in \mathbf{W}} \left|\frac{-b(\eta, \xi, w) - k_1 \xi_1 - k_2 \xi_2}{a}\right|
$$

在 $\pm M$ 使控制饱和化,其中 $\operatorname{sat}(\tau) = \min\{1, |\tau|\}\operatorname{sign}(\tau)$ 为饱和函数。因此,将输出反馈控制[式(3-10)]代入原来系统[式(3-4)]即得到状态闭环系统。

定义估计误差 $e_1 = \xi_1 - \hat{\xi}_1$,$e_2 = \xi_2 - \hat{\xi}_2$,$e_3 = \sigma - \hat{\sigma}$ 和尺度估计误差 $\zeta_1 = e_1/\varepsilon^2$,$\zeta_2 = e_2/\varepsilon$,$\zeta_3 = e_3$,则尺度估计误差系统是

$$
\varepsilon \dot{\zeta} = (\bar{A} - HC)\zeta + \varepsilon \bar{B}\delta[\eta, \xi, D(\varepsilon)\zeta, w]
$$

式中,

$$\zeta = \begin{bmatrix} \zeta_1 \\ \zeta_2 \\ \zeta_3 \end{bmatrix}, \quad \overline{A} = \begin{bmatrix} 0 & 1 & 0 \\ 0 & 0 & 1 \\ 0 & 0 & 0 \end{bmatrix}, \quad H = \begin{bmatrix} a_1 \\ a_2 \\ a_3 \end{bmatrix}, \quad \overline{B} = \begin{bmatrix} 0 \\ 0 \\ 1 \end{bmatrix}, \quad C^{T} = \begin{bmatrix} 1 \\ 0 \\ 0 \end{bmatrix},$$

$$D(\varepsilon) = \begin{bmatrix} \varepsilon^2 & 0 & 0 \\ 0 & \varepsilon & 0 \\ 0 & 0 & 1 \end{bmatrix}$$

$$\delta[\eta,\xi,D(\varepsilon)\zeta,w] = \dot{\sigma}(\eta,\xi,w) - \dot{\hat{\sigma}}[\xi,D(\varepsilon)\zeta,w]$$

式中，$\varepsilon > 0$ 是一个待确定的足够小的常数；$a_i(i=1,2,3)$ 为待确定的常数以使 $\overline{A} - HC$ 为稳定的。

这样，由慢速系统和快速系统组合而成的复合闭环系统为

$$\begin{cases} \dot{\chi} = \Phi[\chi, D(\varepsilon)\zeta, w] \\ \varepsilon \dot{\zeta} = (\overline{A} - HC)\zeta + \varepsilon \overline{B}\delta[\chi, D(\varepsilon)\zeta, w] \end{cases} \tag{3-11}$$

式中，

$$\Phi[\chi, D(\varepsilon)\zeta, w] = \begin{bmatrix} G(\eta, \xi, w) \\ F[\eta, \xi, D(\varepsilon)\zeta, w] \end{bmatrix}$$

$$F(\eta, \xi, D(\varepsilon)\zeta, w) = A\xi + B[b(\eta, \xi, w) + au]$$

与状态反馈控制下的闭环系统相比发现，$\Phi(\chi,0,w)=\Gamma(\chi,w)$。下面将证明在基于扩展高增益观测器的输出反馈控制［式(3-11)］下的闭环系统也是 RISS，并且在瞬态期间，轨迹将接近状态反馈控制下的轨迹。将这一特性总结在定理 3-1 中，其为本章研究的主要结果。

【定理 3-1】 （RISS）考虑基于扩展的高增益观测器［式(3-9)］的输出反馈控制［式(3-10)］下的闭环系统［式(3-11)］，若基于状态反馈控制［式(3-5)］的闭环系统［式(3-6)］是 RISS 的，则

(1) 系统［式(3-11)］是关于 $\mathbf{X} \times \mathbf{W}$ 区域 RISS 的；

(2) 给定任何 $v > 0$，存在 $T \geq 0$ 和 $\varepsilon_1^* > 0$（均依赖于 v），对于任意 $0 < \varepsilon \leq \varepsilon_1^*$，$\xi(t)$ 满足 $\|\xi(t) - \xi_s(t)\| \leq v, t \in [t_0, T]$，其中 $\xi_s(t)$ 是 $\xi(t_0)$ 为起始点的闭环系统［式(3-6)］的解。

证明：由于闭环系统［式(3-6)］是 RISS，根据引理 3-1，存在 Lyapunov 函数 $V_1(\chi)$。定义两个紧集 $\Omega_1 = \{V_1(\chi) \leq c\}$ 和 $\Omega_2 = \{V_2(\zeta) \leq \rho\varepsilon^2\}$，其中 $c = \alpha_2 \circ \alpha_3^{-1} \circ 3\beta(\|w\|)$，$\rho > 0$ 是待确定的常数，$\chi(t_0) \in \Omega_1$。下面将通过证明 Lyapunov 函数 V_1 和 V_2 的导数在 Ω 的边界上为非正定来证明该集合 $\Omega = \Omega_1 \times \Omega_2$ 是正不变的。

首先，将检查 V_1 沿系统［式(3-11)］的导数在边界 $\{V_1(\chi)=c\} \times \Omega_2$ 上是否为非正定。由于 $\|\partial V_1/\partial \chi\| \leq l_2$ 和 $\|D(\varepsilon)\| \leq 1$ 及 Φ 的李普希兹常数 l_1，$V_1(\chi)$ 沿系统［式(3-11)］的导数是

$$\dot{V}_1 = \frac{\partial V_1}{\partial \chi} \Phi[\chi, D(\varepsilon)\zeta, w]$$

$$= \frac{\partial V_1}{\partial \chi} \Gamma(\chi, w) + \frac{\partial V_1}{\partial \chi}[\Phi(\chi, D(\varepsilon)\zeta, w) - \Phi(\chi, 0, w)]$$

$$\leq -\alpha_3(\|\chi\|) + \beta(\|w\|) + l_1 l_2 \|\zeta\|$$

由于降阶系统 $\varepsilon \dot{\zeta} = (\overline{A} - HC)\zeta$ 是指数稳定的。存在 Lyapunov 函数 $V_2(\zeta) = \zeta^{T} P \zeta$，

其中，P 是矩阵方程 $(\overline{A}-HC)^{\mathrm{T}}P+P(\overline{A}-HC)=-I$ 的唯一正定解，V_2 满足

$$\lambda_{\min}(P)\|\zeta\|^2 \leqslant V_2(\zeta) \leqslant \|P\|\|\zeta\|^2$$

式中，$\lambda_{\min}(P)$ 表示矩阵 $\boldsymbol{P}$ 的最小特征值。由于 $V_2 \leqslant \rho\varepsilon^2$，有

$$\|\zeta\| \leqslant \sqrt{\frac{\rho}{\lambda_{\min}(P)}}$$

且

$$\dot{V}_1 \leqslant -\alpha_3(\|\chi\|)+\beta(\|w\|)+l_1 l_2 \sqrt{\frac{\rho}{\lambda_{\min}(P)}}$$

因为 $V_1 \leqslant \alpha_2(\|\chi\|)$ 和 $V_1=c$，则 $\|\chi\| \geqslant \alpha_2^{-1}(c)$。由 $\mathcal{K}$ 类函数的特点，有 $\alpha_3(\|\chi\|) \geqslant \alpha_3 \circ \alpha_2^{-1}(c)$。因此

$$\dot{V}_1 \leqslant -\alpha_3(\|\chi\|)+\beta(\|w\|)+l_1 l_2 \sqrt{\frac{\rho}{\lambda_{\min}(P)}}$$

$$\leqslant -\frac{1}{3}\alpha_3(\|\chi\|)-\left[\frac{1}{3}\alpha_3 \circ \alpha_2^{-1}(c)-\beta(\|w\|)\right]-\left[\frac{1}{3}\alpha_3 \circ \alpha_2^{-1}(c)-\varepsilon l_1 l_2 \sqrt{\frac{\rho}{\lambda_{\min}(P)}}\right]$$

$$\leqslant -\frac{1}{3}\alpha_3(\|\chi\|)$$

对任意 $0<\varepsilon\leqslant\overline{\varepsilon}_1$，其中 $\overline{\varepsilon}_1=\alpha_3 \circ \alpha_2^{-1}(c)/(l_1 l_2)\sqrt{\lambda_{\min}(P)/\rho}$。因此，在边界 $\{V_1(\chi)=c\}\times \Omega_2$ 上 $\dot{V}_1<0$。

其次，将检查 V_2 的导数在边界 $\Omega_1 \times \{V_2(\zeta)=\rho\varepsilon^2\}$ 上是否为非正数。V_2 沿对时间的导数是

$$\dot{V}_2 \leqslant -\frac{1}{\varepsilon}\zeta^{\mathrm{T}}\zeta+2\delta^{\mathrm{T}}\overline{B}P\zeta \leqslant -\frac{1}{\varepsilon}\|\zeta\|^2+2\|\delta\|\|P\|\|\zeta\|$$

式中，$\|\overline{B}\|=1$。由于 δ 相对于 ζ、w 和 $\|\chi\| \leqslant \kappa_3$ 对于任何 $\chi \in \Omega_1$ 是李普希兹的，其常数为 κ_3 且 $\|\delta\| \leqslant \kappa_1\|\zeta\|+\kappa_2\|w\|+\kappa_3$。因此

$$\dot{V}_2 \leqslant -\frac{1}{\varepsilon}\|\zeta\|^2+2\|P\|\|\zeta\|(\kappa_1\|\zeta\|+\kappa_2\|w\|+\kappa_3)$$

$$\leqslant -\frac{1}{\varepsilon}\|\zeta\|^2+2\kappa_1\|P\|\|\zeta\|^2+2\|P\|(\kappa_2\kappa+\kappa_3)\|\zeta\|$$

$$\leqslant -\frac{1}{3\varepsilon}\|\zeta\|^2-\left(\frac{1}{3\varepsilon}-2\kappa_1\|P\|\right)\|\zeta\|^2-\left(\frac{1}{3\varepsilon}\|\zeta\|-2\|P\|\kappa_4\right)\|\zeta\| \quad (3\text{-}12)$$

且 $\|w\| \leqslant \kappa$，$\kappa_4=\kappa_2\kappa+\kappa_3$。由 $V_2=\rho\varepsilon^2$，则 $\|\zeta\|=\varepsilon\sqrt{\rho/\|P\|}$。令 $\rho=36\kappa_4^2\|P\|^3$，则式 (3-12) 对于任意 $0<\varepsilon\leqslant\overline{\varepsilon}_2$，其中 $\overline{\varepsilon}_2=1/(6\kappa_1\|P\|)$，有 $\dot{V}_2 \leqslant -\|\zeta\|^2/(3\varepsilon)$，证明了 $\dot{V}_2$ 在边界 $\Omega_1 \times \{V_2(\zeta)=\rho\varepsilon^2\}$ 上的非正性。因此，对于任何 $0<\varepsilon\leqslant\varepsilon_1$，其中 $\varepsilon_1=\min\{\overline{\varepsilon}_1,\overline{\varepsilon}_2\}$，集合 Ω 是正不变的。

下面将证明存在一个时间间隔 $T(\varepsilon)$，在该时间间隔内 (χ,ζ) 的轨迹将进入集合 Ω 并停留在该时间间隔内。因为 $\chi(t_0)$ 在 Ω_1 的内部且 Ω_1 是正不变的，所以当 $0<\varepsilon\leqslant\varepsilon_1$ 时，$\chi(t)$ 对于 $t\geqslant t_0$ 将永远在集合 Ω_1 中。也就是说，存在 T_1，对于 $\forall t\in[t_0,T_1]$，有 $\chi(t)\in \Omega_1$。然后检查状态 ζ。当 $\zeta(t_0)$ 在集合 Ω_2 之外时，即对 $0<\varepsilon\leqslant\varepsilon_1$，$\dot{V}_2 \leqslant -\|\zeta\|^2/(3\varepsilon)$ 时，根

据比较引理：

$$V_2 \leqslant \zeta^{\mathrm{T}}(t_0) P \zeta(t_0) \mathrm{e}^{-\frac{1}{3\varepsilon}(t-t_0)} \leqslant \|P\| \|\zeta(t_0)\|^2 \mathrm{e}^{-\frac{1}{3\varepsilon}(t-t_0)} \tag{3-13}$$

由式(3-13)可以计算出，在时刻 $T(\varepsilon) = 3\varepsilon\ln(\|P\|\|\zeta(t_0)\|^2/(\varepsilon^6\rho)) + t_0$ 时，ζ 的轨迹开始进入集合 Ω_2；对于 $t \geqslant T(\varepsilon)$，$\zeta$ 的轨迹将停留在集合 Ω_2 的内部，即 $V_2 \leqslant \rho\varepsilon^2$。

接下来证明 (χ, ζ) 的 ISS 性。当 χ 的轨迹在集合 Ω_1 内时，具有性质：

$$\|\chi(t)\| \leqslant \alpha_1^{-1}(c) \leqslant \mu_1(\|w\|)$$

式中，$\mu_1(\|w\|) = \alpha_1^{-1} \circ \alpha_2 \circ \alpha_3^{-1} \circ 3\beta(\|w\|)$ 是 $\mathcal{K}$ 类函数。当它在集合 Ω_1 上时，有

$$\dot{V}_1 \leqslant -\frac{1}{3}\alpha_3(\|\chi\|) \leqslant -\frac{1}{3}\alpha_3 \circ \alpha_2^{-1}(V_1)$$

故存在一个 $\mathcal{KL}$ 函数 γ 使得

$$V_1 \leqslant \gamma\{V_1[\chi(t_0)], t - t_0\}, \quad \forall V_1[\chi(t_0)] \in [0, c]$$

因此，有

$$\|\chi(t)\| \leqslant \alpha_1^{-1}(V_1) \leqslant \alpha_1^{-1} \circ \gamma\{V_1[\chi(t_0)], t - t_0\} \leqslant \varphi_1(\|\chi(t_0)\|, t - t_0)$$

式中，$\varphi_1(\|\chi(t_0)\|, t - t_0) = \alpha_1^{-1} \circ \gamma(\alpha_2(\|\chi(t_0)\|), t - t_0)$ 是 $\mathcal{KL}$ 类函数，即

$$\|\chi(t)\| \leqslant \max\{\varphi_1(\|\chi(t_0)\|, t - t_0), \mu_1(\|w\|)\}$$

此外，当 ζ 的轨迹在集合 Ω_2 之外时，存在

$$\|\zeta(t)\| \leqslant \varphi_2(\|\zeta(t_0)\|, t - t_0)$$

式中，$\varphi_2(\|\zeta(t_0)\|, t - t_0) = 1/\varepsilon^2 \sqrt{\|P\|/\lambda_{\min}(P)} \mathrm{e}^{-(t-t_0)/(6\varepsilon)} \|\zeta(t_0)\|$ 是 $\mathcal{KL}$ 类函数。当它在集合 Ω_2 内时，因为 $V_2 \leqslant \rho\varepsilon^2$，有

$$\|\zeta\| \leqslant \mu_2(\|w\|)$$

式中，$\mu_2(\|w\|) = 6\varepsilon(\kappa_2\|w\| + \kappa_3)\|P\|\sqrt{\|P\|/\lambda_{\min}(P)}$ 是 $\mathcal{K}$ 类函数。因此：

$$\|\zeta(t)\| \leqslant \max\{\varphi_2(\|\zeta(t_0)\|, t - t_0), \mu_2(\|w\|)\} \tag{3-14}$$

由式(3-14)可知：

$$\left\| \begin{bmatrix} \chi^{\mathrm{T}}(t) \\ \zeta^{\mathrm{T}}(t) \end{bmatrix} \right\| \leqslant \max\left\{ \varphi\left(\left\| \begin{bmatrix} \chi^{\mathrm{T}}(t_0) \\ \zeta^{\mathrm{T}}(t_0) \end{bmatrix} \right\|, t - t_0 \right), \mu(\|w\|) \right\}$$

式中，$\varphi = \sqrt{\varphi_1 + \varphi_2}$ 和 $\mu = \sqrt{\mu_1 + \mu_2}$。根据引理 3-1，在输出反馈控制下的闭环系统相对于 $\mathbb{X} \times \mathbb{W}$ 是区域输入—状态稳定的。

为了证明输出反馈下 ξ 的轨迹与状态反馈控制下的轨迹的接近度，在时间间隔 $[t_0, T(\varepsilon)]$ 内进行检验。因为 $\dot{\xi}$ 和 $\dot{\xi}_s$ 的全局有界性及 $\xi(t_0) = \xi_s(t_0)$，有 $\|\xi(t) - \xi_s(t)\| \leqslant k\breve{T}(\varepsilon)$，其中 $\breve{T}(\varepsilon) = 3\varepsilon\ln[\|P\|\|\zeta(t_0)\|^2/(\varepsilon^6\rho)]$，$k$ 是一个正常数。当 $\varepsilon \to 0$ 时，$\breve{T}(\varepsilon) \to 0$，所以存在 $\varepsilon_1^* > 0$，对于每个 $0 < \varepsilon \leqslant \varepsilon_1^*$，$\|\xi(t) - \xi_s(t)\| \leqslant v$，其中 v 是一个正常数。定理 3-1 证毕。

仿真 3：继续使用仿真 1 中的参数值和正弦扰动信号。采用基于 EHGO [式(3-9)]的输出反馈控制[式(3-10)]。使用 $M = 4000$，$a_1 = 3$，$a_2 = 3$，$a_3 = 1$ 和 $[\hat{\xi}_1(0), \hat{\xi}_2(0), \hat{\sigma}(0)] = (0, 0, 0)$ 进行仿真实验。为了观察通过 EHGO 输出反馈的性能恢复特性，需要使用标准型的状态来说明 η、ξ 的轨迹，而不是 x。ε 分别取 0.1，0.02，0.01，根据图 3-5 的轨迹发现，随着 ε 的减小，输出反馈控制(output feedback control, OFC)下的轨迹更接近状态反馈控制

(state feedback control,SFC)下的轨迹。此外,状态表现为输入—状态稳定(见图 3-6)。特别是,OFC 下的内部动态状态 η_1 和 η_2 比 SFC 下的更接近零。

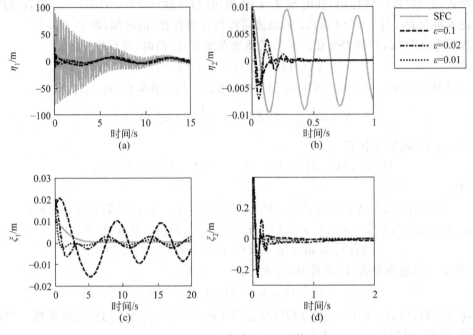

图 3-5　正弦扰动下 η、ξ 的轨迹

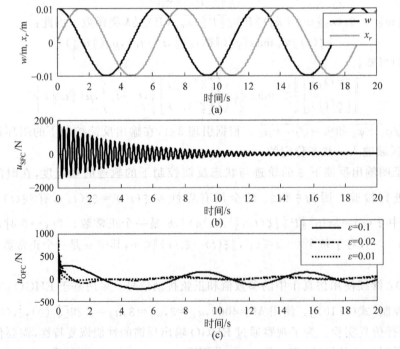

图 3-6　正弦扰动及控制输入

【定理 3-2】 (指数稳定性)考虑基于扩展的高增益观测器[式(3-9)]的输出反馈控制[式(3-10)]的闭环系统[式(3-11)]。当状态反馈控制[式(3-5)]下的闭环系统[式(3-6)]呈指数稳定时,则

(1) 存在 $\varepsilon_2^* > 0$,对于任意 $0 < \varepsilon \leqslant \varepsilon_2^*$,系统[式(3-11)]是原点指数稳定的;

(2) 给定任意 $v > 0$,存在依赖 v 的 $\varepsilon_3^* > 0$,使得对于任意 $0 < \varepsilon \leqslant \varepsilon_3^*$,满足 $\|\xi(t) - \xi_s(t)\| \leqslant v, t \geqslant t_0$。

定理 3-2 的证明略。

仿真 4:取仿真 2 中的参数值和衰减扰动信号进行仿真实验。采用 EHGO[式(3-9)]的输出反馈控制[式(3-10)]。取 $M = 4000, a_1 = 3, a_2 = 3, a_3 = 1$ 和 $[\hat{\xi}_1(0), \hat{\xi}_2(0), \hat{\sigma}(0)] = (0, 0, 0)$。$\varepsilon$ 依次选择 0.1、0.02、0.01,根据图 3-7 中的轨迹发现,随着 ε 的减小,OFC 下的轨迹更接近 SFC 下的轨迹。此外,所有状态 ξ 和 η 都表现出指数稳定,这表明 x_1 和 x_4 的响应是指数稳定的(见图 3-8)。可以看出,OFC 下的响应比 SFC 下的响应更接近零。

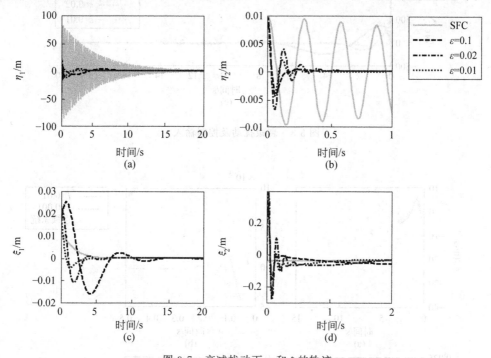

图 3-7 衰减扰动下 η 和 ξ 的轨迹

注意:比较 RISS 与指数稳定下轨迹的收敛性,前者对于 $t \in [t_0, \infty)$ 成立,后者只能证明当 $t \in [t_0, T(\varepsilon)]$ 时成立。在 $T(\varepsilon)$ 时刻后,RISS 的轨迹收敛性将取决于扰动 w 的范数。

仿真 5:对悬架模型设计输出反馈采样控制器,并且与相应连续输出反馈控制器下闭环系统的状态进行比较。悬架系统在正弦扰动和衰减扰动时的状态响应如图 3-9～图 3-12 所示,图中实线为连续系统状态轨迹,虚线为 $T = 0.01s$ 时的系统响应轨迹曲线,点画线为 $T = 0.001$ 时的系统响应轨迹曲线。从图 3-9～图 3-12 中可以看出,无论扰动为正弦还是衰减信号,随着采样时间的减少,系统响应越来越靠近连续系统的响应轨迹曲线,说明采样

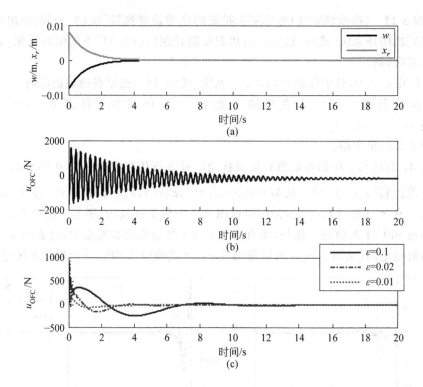

图 3-8　衰减扰动及控制输入

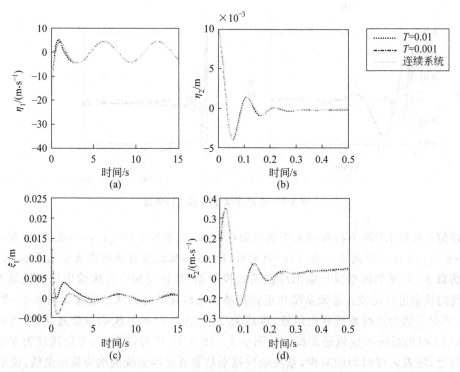

图 3-9　正弦扰动时悬架系统状态响应轨迹曲线

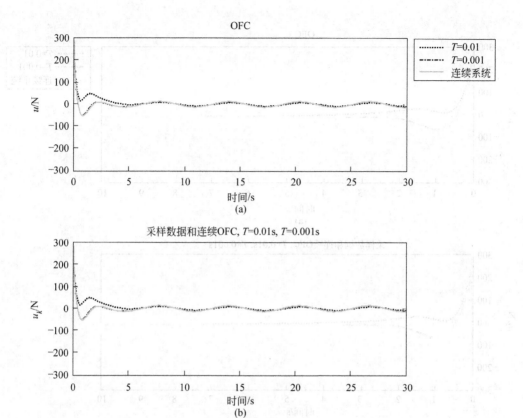

图 3-10　正弦扰动时的采样控制和连续控制输入

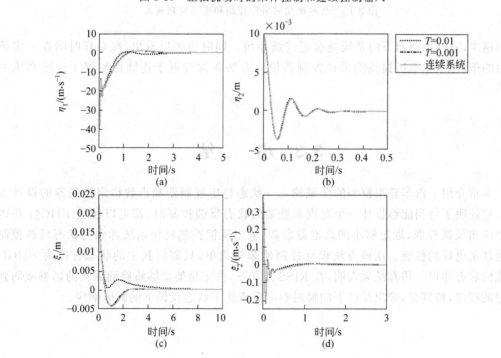

图 3-11　衰减扰动时悬架系统响应轨迹曲线

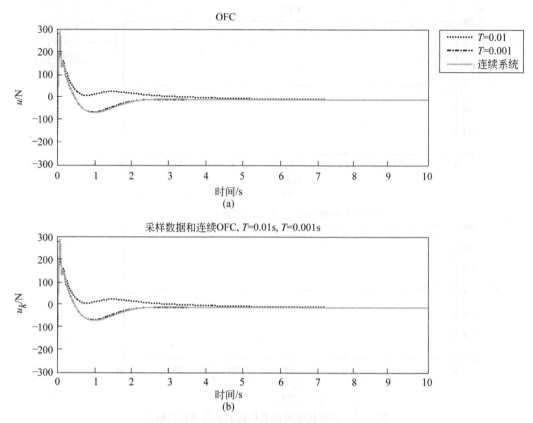

图 3-12　衰减扰动时采样控制和连续控制输入

时间越少,采样控制器下的系统越接近连续系统。同时也可以看出,在采样时间在一定范围内的条件下,本章所提供的采样控制器设计方法非常接近于连续控制器下连续系统的效果。

3.3　小　　结

本章介绍了汽车悬架模型的区域输入—状态稳定控制器和指数稳定控制器的设计方法。它证明了每当能够设计一个对汽车悬架的状态反馈控制时,都可以通过 EHGO 获得一个输出反馈控制;取足够小的高增益参数,输出反馈控制将使系统达到与状态反馈控制相同甚至更好的性能。用该方法设计控制器非常简单,只需将其中的状态替换为 EHGO 生成的状态即可。仿真结果表明,在 RISS 意义下,汽车悬架能够将路面振动的影响减弱到理想的程度,特别是,输出反馈下的瞬时响应表现优于状态反馈下的瞬时响应。

第 4 章 具有控制时滞的轮式移动机器人系统建模与最优跟踪控制

近年来,对于轮式移动机器人(wheeled mobile robot,WMR)跟踪控制的研究一直是学术界的热点问题。例如,动态反演控制与线性化设计方法相比,能够保证误差动态的渐近稳定性,形成对参考信号的跟踪;基于时延方法的非完整 WMR 高效路径跟踪的鲁棒控制策略,被实验验证为是有效的。另外,有研究对两轮机器人移动装置设计了积分滑模控制器;在由 WMR 和执行器动力学构成的运动学和动力学模型存在参数不确定性的情况下,提出一种用于非完整 WMR 的自适应轨迹跟踪控制器;自适应运动控制设计使 WMR 通过试验学习自主产生控制能力;在存在与机械动力学相关参数不确定性的情况下,通过视觉伺服对 WMR 进行位置/方向跟踪控制。值得注意的是,这些对 WMR 跟踪控制的研究中没有考虑网络时滞的问题,但网络时滞在现代机器人系统中是不可避免的。

本章研究考虑了 WMR 模型中的控制时滞问题,对具有控制时滞的轮式移动机器人系统进行了建模和跟踪控制器的设计。首先,根据非完整约束方程建立 WMR 的状态空间表示。由于跟踪路径的状态空间表示与 WMR 的状态空间表示相对应,因此定义了跟踪误差变量后,就能够得到具有控制时滞的跟踪误差方程。其次,通过模型转换方法,将具有控制时滞的系统变为等效的无时滞系统。再次,根据极大值原理,通过求解 Riccati 方程,得到两个速度控制器,通过记忆控制项来补偿控制时滞。最后,进行仿真实验,验证了跟踪误差逐渐趋近于零,说明所提出的控制器具有有效性和实用性。

4.1 状态空间表达式

4.1.1 WMR 系统

为了建立 WMR 的运动学模型,需要下面给出的预备知识。

【定义 4-1】 (非完整约束)考虑以下运动学约束:

$$m_i^{\mathrm{T}}(q)\,\dot{q}=0, \quad i=1,\cdots,k,k<n \tag{4-1}$$

式中,状态常量 $q \in \mathbb{R}^n$ 和函数 "$m_i:\mathbf{C} \to \mathbb{R}^n$" 是平滑和线性无关的,这里的 $\mathbf{C}$ 表示状态空间, $\mathbb{R}^n$ 表示 n 维实数空间。如果式(4-1)不可积,则称为非完整约束或不可积约束。至少受到这样一个约束之一的系统称为非完整系统。

【定义 4-2】 (纯滚动)无滑动的滚动称为纯滚动。

【定义 4-3】 (Pfaffian 约束)由广义速度的线性表示[式(4-1)]描述的运动学约束称为 Pfaffian 约束。

【定义 4-4】 （零空间）若 $N(M) = \{z \in \mathbb{R}^n \mid Mz = 0\}$，则 $N(M)$ 是 M 的零空间。

【定义 4-5】 （基）向量空间的最大线性独立向量群 $\{\chi_1, \chi_2, \cdots, \chi_n\}$ 称为 X 的基。这个向量空间的任何向量 γ 都可以用基线性表示如下：

$$\gamma = c_1 \chi_1 + c_2 \chi_2 + \cdots + c_n \chi_n$$

本章研究对象是一个单轮移动机器人，其模型是一个纯滚动约束的非完整系统。为了通过利用其状态和约束条件来获得状态空间表示，建立如图 4-1 所示的笛卡儿坐标系。WMR 的状态向量是 $q = [x \quad y \quad \theta]^T \in \mathbb{R}^3$，其中 x、y 分别是机器人的位置坐标，θ 是相对于 x 轴的方向角。

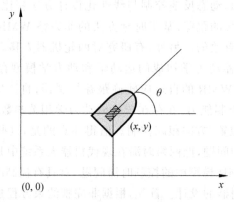

图 4-1　WMR 的运动学模型

注意：纯滚动约束的 WMR 与地面接触点的速度在垂直于机器人矢量平面的方向上为零。

WMR 的纯滚动约束遵循以下 Pfaffian 约束：

$$\dot{x}(t)\sin[\theta(t)] - \dot{y}(t)\cos[\theta(t)] = [\sin[\theta(t)] \quad -\cos[\theta(t)] \quad 0]\dot{q}(t) = 0 \quad (4\text{-}2)$$

记

$$[g_1(q(t)) \quad g_2(q(t))] \triangleq \begin{bmatrix} \cos[\theta(t)] & 0 \\ \sin[\theta(t)] & 0 \\ 0 & 1 \end{bmatrix}$$

式中，q 是 WMR 的状态；$g_1(q)$ 和 $g_2(q)$ 是相对于 Pfaffian 约束[式(4-2)]的零空间的基。根据定义 4-1～定义 4-5，状态 q 的广义速度可以表示为 $g_1(q)$ 和 $g_2(q)$ 的线性组合，即

$$\begin{bmatrix} \dot{x}(t) \\ \dot{y}(t) \\ \dot{\theta}(t) \end{bmatrix} = \begin{bmatrix} \cos[\theta(t)] \\ \sin[\theta(t)] \\ 0 \end{bmatrix} v(t) + \begin{bmatrix} 0 \\ 0 \\ 1 \end{bmatrix} w(t) \quad (4\text{-}3)$$

式中，v 是 WMR 的水平速度；w 是车轮绕垂直轴旋转的角速度。v 和 w 是为状态空间形式的 WMR 运动学系统设计的控制器，即式(4-3)。

【定义 4-6】 （光滑输出）如果状态 q 和控制输入 u 都能平滑输出 y，且其关于时间的导数可表示为

$$q = q(y, \dot{y}, \cdots, y^{n_1})$$
$$u = u(y, \dot{y}, \cdots, y^{n_2})$$

式中，n_1、$n_2 \geqslant 0$ 是常整数，则称输出系统为平滑输出。

【定理 4-1】 对于 WMR，笛卡儿坐标是平滑输出。

证明：对于给定的笛卡儿坐标路径 $(x(t), y(t))$，对应的状态轨迹为 $q(t) = [x(t) \quad y(t) \quad \theta(t)]^T$。由式(4-3)有

$$\dot{x}(t) = v(t)\cos[\theta(t)] \tag{4-4}$$

$$\dot{y}(t) = v(t)\sin[\theta(t)] \tag{4-5}$$

$$\dot{\theta}(t) = w(t) \tag{4-6}$$

方程(4-4)和方程(4-5)的平方产生

$$v(t) = \pm\sqrt{[\dot{x}(t)]^2 + [\dot{y}(t)]^2} \tag{4-7}$$

方程(4-5)和方程(4-4)的商产生

$$\theta(t) = \arctan[\dot{y}(t)/\dot{x}(t)] + k\pi, \quad k = 0,1 \tag{4-8}$$

式中，当笛卡儿路径向前移动时 $k=0$，向后移动时 $k=1$。对式(4-8)两边进行微分且由式(4-6)得到

$$w(t) = \frac{\ddot{y}(t)\dot{x}(t) - \ddot{x}(t)\dot{y}(t)}{[\dot{x}(t)]^2 + [\dot{y}(t)]^2} \tag{4-9}$$

注意：$v(t)$ 的符号取决于 WMR 的移动方向（向前或向后）。

如果对于 $\tilde{t} \in [t_i, t_f]$，存在 $\dot{x}(\tilde{t}) = \dot{y}(\tilde{t}) = 0$，则 $v(\tilde{t}) = 0$。这种情况发生在笛卡儿路径上的轨迹尖端（即回溯点），其方向未在方程式(4-8)中定义。但是可以从轨迹的连续性中得到方向，即取式(4-8)当 $t \to \tilde{t}$ 时的右极限。

如果笛卡儿路径退化为一个点，由于 $\dot{x}(t) = \dot{y}(t) = 0$，故定义 ω 和 θ 为零。

根据定义 4-6 可以得出 WMR 笛卡儿坐标是平滑输出的结论。定理 4-1 证毕。

令预期的笛卡儿路径为 $q_d(t) = [x_d(t) \quad y_d(t) \quad \theta_d(t)]^T$，将预期路径视为另一个移动的 WMR，则其满足运动学模型：

$$\begin{bmatrix} \dot{x}_d(t) \\ \dot{y}_d(t) \\ \dot{\theta}_d(t) \end{bmatrix} = \begin{bmatrix} \cos[\theta_d(t)] \\ \sin[\theta_d(t)] \\ 0 \end{bmatrix} v_d(t) + \begin{bmatrix} 0 \\ 0 \\ 1 \end{bmatrix} w_d(t) \tag{4-10}$$

且满足与式(4-5)～式(4-7)类似的关系：

$$\theta_d(t) = \arctan(\dot{y}_d(t)/\dot{x}_d(t)) + k\pi, \quad k = 0,1$$

$$v_d(t) = \pm\sqrt{[\dot{x}_d(t)]^2 + [\dot{y}_d(t)]^2}$$

$$w_d(t) = \frac{\ddot{y}_d(t)\dot{x}_d(t) - \ddot{x}_d(t)\dot{y}_d(t)}{[\dot{x}_d(t)]^2 + [\dot{y}_d(t)]^2}$$

由定理 4-1 可知，(x_d, y_d, θ_d) 为平滑输出。

考虑 WMR 运动模型[式(4-3)]和预期路径[式(4-10)]中具有控制时滞 $\tau > 0$，即

$$
\begin{bmatrix} \dot{x}(t) \\ \dot{y}(t) \\ \dot{\theta}(t) \end{bmatrix} = \begin{bmatrix} \cos[\theta(t)] \\ \sin[\theta(t)] \\ 0 \end{bmatrix} v(t-\tau) + \begin{bmatrix} 0 \\ 0 \\ 1 \end{bmatrix} w(t-\tau) \tag{4-11}
$$

和

$$
\begin{bmatrix} \dot{x}_d(t) \\ \dot{y}_d(t) \\ \dot{\theta}_d(t) \end{bmatrix} = \begin{bmatrix} \cos(\theta_d(t)) \\ \sin(\theta_d(t)) \\ 0 \end{bmatrix} v_d(t-\tau) + \begin{bmatrix} 0 \\ 0 \\ 1 \end{bmatrix} w_d(t-\tau) \tag{4-12}
$$

这样,具有控制时滞的 WMR 和目标路径的状态空间表达式模型建立完成。

4.1.2 跟踪误差系统

定义跟踪误差向量为

$$
e(t) = \begin{bmatrix} e_1(t) \\ e_2(t) \\ e_3(t) \end{bmatrix} = \begin{bmatrix} \cos[\theta(t)] & \sin[\theta(t)] & 0 \\ -\sin[\theta(t)] & \cos[\theta(t)] & 0 \\ 0 & 0 & 1 \end{bmatrix} \begin{bmatrix} x_d(t)-x(t) \\ y_d(t)-y(t) \\ \theta_d(t)-\theta(t) \end{bmatrix} \tag{4-13}
$$

对等式(4-13)两边沿时间进行微分,并将式(4-11)和式(4-12)代入结果,则产生跟踪误差系统:

$$
e(t) = \begin{bmatrix} e_1(t) \\ e_2(t) \\ e_3(t) \end{bmatrix} = \begin{bmatrix} \cos[\theta(t)] & \sin[\theta(t)] & 0 \\ -\sin[\theta(t)] & \cos[\theta(t)] & 0 \\ 0 & 0 & 1 \end{bmatrix} \begin{bmatrix} x_d(t)-x(t) \\ y_d(t)-y(t) \\ \theta_d(t)-\theta(t) \end{bmatrix} \tag{4-14}
$$

设两个线性化控制器 v 和 w 的形式为

$$
\begin{aligned} v(t-\tau) &= v_d(t-\tau)\cos[e_3(t)] - u_1(t-\tau) \\ w(t-\tau) &= w_d(t-\tau) - u_2(t-\tau) \end{aligned} \tag{4-15}
$$

将控制器[式(4-15)]代入式(4-16)则产生跟踪误差方程:

$$
\dot{e}(t) = \begin{bmatrix} 0 & w_d(t-\tau) & 0 \\ -w_d(t-\tau) & 0 & 0 \\ 0 & 0 & 0 \end{bmatrix} e(t) + \begin{bmatrix} 0 \\ \sin[e_3(t)] \\ 0 \end{bmatrix} v_d(t-\tau) +
$$
$$
\begin{bmatrix} 1 & -e_2(t) \\ 0 & e_1(t) \\ 0 & 1 \end{bmatrix} \begin{bmatrix} u_1(t-\tau) \\ u_2(t-\tau) \end{bmatrix} \tag{4-16}
$$

因为,方程(4-16)右边第二项和第三项为非线性项,同时矩阵是时变的。因此,跟踪误差系统[式(4-16)]是时变和非线性的。由于当 $e(t) \to 0$ 时,存在 $\sin e_3 \to 0$,$\cos e_3 \to 1$,$e_1(t) \to 0$,$e_2(t) \to 0$。此外,对于圆形、直线和 8 字形这样的跟踪路径,v_d 和 w_d 是常量。因而,跟踪误差系统可以近似线性化为

$$
\dot{e}(t) = \begin{bmatrix} 0 & w_d & 0 \\ -w_d & 0 & 0 \\ 0 & 0 & 0 \end{bmatrix} e(t) + \begin{bmatrix} 1 & 0 \\ 0 & 0 \\ 0 & 1 \end{bmatrix} \begin{bmatrix} u_1(t-\tau) \\ u_2(t-\tau) \end{bmatrix} \tag{4-17}
$$

因此，要设计的控制器是

$$v(t) = v_d(t) - u_1(t)$$
$$w(t) = w_d(t) - u_2(t)$$

(4-18)

现在，研究问题的目标转换为通过设计控制器 u_1 和 u_2 来确保误差系统[式(4-17)]渐近稳定。

4.2 最优跟踪控制器设计

将跟踪误差系统[式(4-17)]表示为

$$\dot{e}(t) = Ae(t) + B_0 u(t-\tau)$$
$$y(t) = Ce(t)$$

(4-19)

初始条件为 $e(0) \triangleq e_0$，其中

$$A = \begin{bmatrix} 0 & \omega_d & 0 \\ -\omega_d & 0 & 0 \\ 0 & 0 & 0 \end{bmatrix}, \quad B_0 = \begin{bmatrix} 1 & 0 \\ 0 & 0 \\ 0 & 1 \end{bmatrix}, \quad C = \begin{bmatrix} 1 & 0 & 0 \\ 0 & 1 & 0 \\ 0 & 0 & 1 \end{bmatrix}, \quad u = \begin{bmatrix} u_1 \\ u_2 \end{bmatrix}$$

(4-20)

三元组 (A, B_0, C) 是完全可控—可观测的。使用泛函变换

$$\psi(t) = e(t) + \int_{t-\tau}^{t} e^{A(t-h)} B u(h) \mathrm{d}h$$

$$\eta(t) = y(t) + C \int_{t-\tau}^{t} e^{A(t-h)} B u(h) \mathrm{d}h$$

将控制时滞系统[式(4-19)和式(4-20)]转换为无时滞系统，即

$$\begin{cases} \dot{\psi}(t) = A\psi(t) + Bu(t) \\ \eta(t) = C\psi(t) \end{cases}$$

(4-21)

式中，$B = e^{-\tau A}$。可以证明矩阵对 (A, B) 是完全可控的。

主要结果如定理 4-2 所示。

【定理 4-2】 考虑具有控制时滞的 WMR 系统[式(4-11)]和跟踪路径[式(4-12)]，则最优跟踪控制器 $v^*(t)$ 和 $w^*(t)$ 为

$$v^* = v_d - k_1 \left[(x_d - x)\cos(\theta) + (y_d - y)\sin(\theta) + \int_{t-\tau}^{t} \zeta_1(h) \mathrm{d}h \right] - k_2 \left[-(x_d - x)\sin(\theta) + (y_d - y)\cos(\theta) + \int_{t-\tau}^{t} \zeta_2(h) \mathrm{d}h \right]$$

(4-22)

$$\omega^* = \omega_d - k_3 \left[\theta_d - \theta + \int_{t-\tau}^{t} \zeta_3(h) \mathrm{d}h \right]$$

式中，

$$\zeta(t) = \begin{bmatrix} \zeta_1(t) \\ \zeta_2(t) \\ \zeta_3(t) \end{bmatrix}, \quad \int_{t-\tau}^{t} e^{A(t-h)} B u(h) \mathrm{d}h \triangleq \begin{bmatrix} \int_{t-\tau}^{t} \zeta_1(h) \mathrm{d}h \\ \int_{t-\tau}^{t} \zeta_2(h) \mathrm{d}h \\ \int_{t-\tau}^{t} \zeta_3(h) \mathrm{d}h \end{bmatrix}, \quad K = \begin{bmatrix} k_1 \\ k_2 \\ k_3 \end{bmatrix} \triangleq R^{-1} B^{\mathrm{T}} P$$

(4-23)

P 是以下 Riccati 矩阵方程的唯一正定解：

$$A^{\mathrm{T}}P + PA - PBR^{-1}B^{\mathrm{T}}P + Q = 0 \tag{4-24}$$

证明：取平均性能指标为

$$J[u(\cdot)] = \lim_{T \to \infty} \frac{1}{T} \int_0^T [\psi^{\mathrm{T}}(t)Q\psi(t) + u^{\mathrm{T}}(t)Ru(t)]\mathrm{d}t \tag{4-25}$$

式中,权重矩阵 Q 为半正定,R 为正定,它们反映了设计者在平衡性能指标[式(4-25)]中对不同影响因素的偏好,T 是终端时间。根据 Pontryagin 最大值原理,误差系统[式(4-21)]对于性能指标[式(4-25)]构成的最优控制问题导致两点边值问题：

$$\begin{bmatrix} \dot{\psi}(t) \\ \dot{\lambda}(t) \end{bmatrix} = \begin{bmatrix} A & -BR^{-1}B^{\mathrm{T}} \\ -Q & -A^{\mathrm{T}} \end{bmatrix} \begin{bmatrix} \psi(t) \\ \lambda(t) \end{bmatrix} \tag{4-26}$$

具有两点边界值 $\psi(0)=e_0$ 和 $\lambda(\infty)=0$。最优控制律为 $u^*(t)=-R^{-1}B^{\mathrm{T}}\lambda(t)$。令

$$\lambda(t) = P\psi(t) \tag{4-27}$$

式中,P 是待确定的矩阵。对式(4-27)两边求导得

$$\dot{\lambda}(t) = P\dot{\psi}(t) \tag{4-28}$$

将式(4-26)的第一个方程及式(4-27)代入式(4-28)的右边得

$$\dot{\lambda}(t) = (PA - PBR^{-1}B^{\mathrm{T}}P)\psi(t) \tag{4-29}$$

并且,将式(4-27)代入式(4-26)的第二个方程得

$$\dot{\lambda}(t) = -(Q + A^{\mathrm{T}}P)\psi(t) \tag{4-30}$$

利用式(4-29)和式(4-30)的相等能够直接求出 Riccati 方程[式(4-24)]。这样,得到最优控制：

$$u^*(t) = -R^{-1}B^{\mathrm{T}}P\psi(t) = -R^{-1}B^{\mathrm{T}}P\left[e(t) + \int_{t-\tau}^t \mathrm{e}^{A(t-h)}Bu(h)\mathrm{d}h\right]$$

式中,P 是 Riccati 方程式(4-24)的解。利用式(4-23)中的表示就可得到 WMR 的控制器[式(4-19)]。

由于三元组 (A,B,C) 是完全可控—可观测的,根据最优控制理论可知,Riccati 方程[式(4-24)]的解是正定且唯一的,同时,矩阵 $[A-BR^{-1}B^{\mathrm{T}}P]$ 是稳定的。定理 4-2 证毕。

4.3 仿真实验

仿真中,将测试所设计控制器的有效性。首先,将跟踪路径规划为一个以 (x_c,y_c) 为原点、以 r 为半径的圆。跟踪路径圆的方程为

$$\begin{cases} x_d(t) = x_c - r\cos(w_d t) \\ y_d(t) = y_c + r\sin(w_d t) \end{cases} \tag{4-31}$$

取 $x_c=-3, y_c=3, r=3\mathrm{m}, w_d=1/3\mathrm{rad/s}$,因而,$v_d=rw_d=1\mathrm{m/s}$。实验目的是设计最优控制器 v 和 w 并通过式(4-22)使 WMR 跟踪由式(4-31)产生的圆形路径。设置控制时滞 $\tau=0.2\mathrm{s}$,加权矩阵 $Q=\mathrm{diag}(1,1,1)$ 和 $R=\mathrm{diag}(1,1)$,跟踪误差的初始条件为 $(-4,0,-1)$,然后进行仿真。相关矩阵由 Matlab 求解,即

$$B = \begin{bmatrix} 0.9978 & 0 \\ 0.0666 & 0 \\ 0 & 1 \end{bmatrix}, \quad P = \begin{bmatrix} 1.3243 & -0.8892 & 0 \\ -0.8892 & 3.7402 & 0 \\ 0 & 0 & 1 \end{bmatrix}, \quad K = \begin{bmatrix} 1.2621 \\ -0.6381 \\ 1 \end{bmatrix}$$

这样,得到的最优控制器[式(4-19)]如图 4-2 所示。在所设计的控制器下,WMR 从初始条件(3,0,1)开始运行。在控制器经过一段时间的调节后,它成功地跟踪了圆形路径。跟踪轨迹如图 4-3 所示。跟踪误差如图 4-4 所示,在 $t=13\text{s}$ 处跟踪误差减小到零。

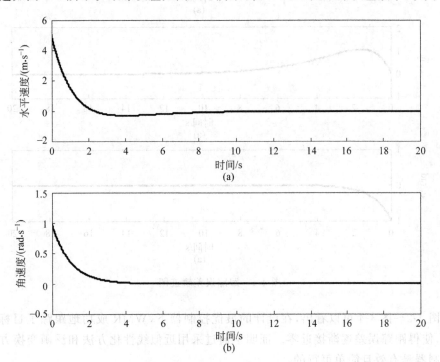

图 4-2　所设计的最优控制器

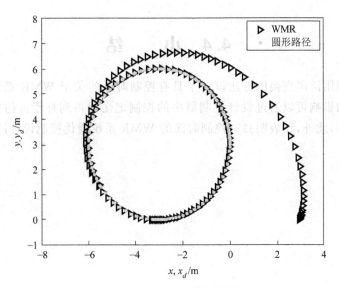

图 4-3　WMR 跟踪圆形路径

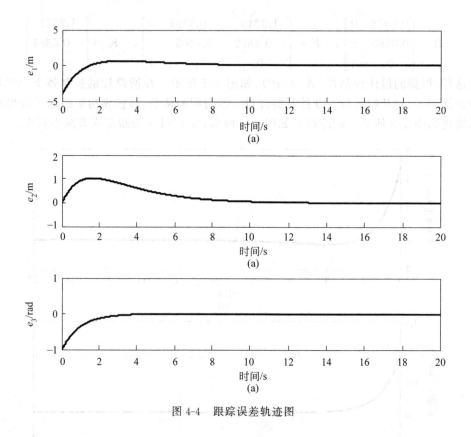

图 4-4　跟踪误差轨迹图

　　从图 4-2～图 4-4 可以看出,在设计的最优控制器下,WMR 成功地跟踪了目标——圆形路径,使得跟踪误差逐渐接近零。证明了通过采用近似线性化方法和泛函变换方法所设计的控制器是有效且简单可行的。

4.4　小　　结

　　本章研究采用泛函变换的方法设计了具有控制时滞的关于 WMR 系统的最优跟踪控制。控制时滞的影响可以通过设计控制器中的控制记忆项得到补偿。仿真验证了所提出控制器的有效性,此外,还表明具有控制时滞的 WMR 系统最优控制设计的简单可行性。

第 5 章　具有控制时滞的轮式移动机器人系统反馈线性化跟踪预测控制

WMR 跟踪控制问题在目前的研究中引起了广泛的关注,研究跟踪控制的方法有:基于时间延迟方法的非完整 WMR 有效路径跟踪鲁棒控制、通过试验学习产生控制能力的自适应运动控制、积分滑模控制、动态反演控制以及非完整 WMR 自适应轨迹跟踪控制等。然而,网络时滞是基于网络信号传输的机器人系统不可避免的难点问题,特别是控制时滞会导致所设计的控制器为预测控制,即控制器中的状态为未来时间的状态,这在现实中是物理不可实现的。在最近的报道中,有研究针对控制时滞 WMR 跟踪控制问题进行了探讨,其中设计的控制器是基于原点线性化模型的,但是,原点线性化模型是一种近似模型,随着非线性变得越来越强,这一控制器的工作会逐渐变得不再有效。

本章将针对非线性的 WMR 运动模型讨论非线性控制器的设计问题。由于 WMR 中具有控制时滞,因而需要解决预测控制的物理实现问题,即解决具有控制时滞的非线性轮式移动机器人跟踪控制设计问题。首先,建立 WMR 运动方程的状态空间表示模型。跟踪路径的状态空间表示与 WMR 的状态空间表示相对应,从而可以得到具有控制时滞的非线性跟踪误差系统。进而,通过设计反馈线性化控制器来准确地消除非线性项的影响。为了解决由于控制时滞而导致的控制器的物理实现问题,设计了一个高增益观测器来生成预测状态,以便估计状态反馈控制器中的未来状态。仿真实验中使用 WMR 模型和 8 字形目标路径,仿真实验证明了跟踪误差渐近为零,利用高增益观测器能够很好地解决预测控制的物理实现问题,证明了所提出的控制器的有效性和实用性。

5.1　状态空间表达式建模

5.1.1　目标路径

将预期的笛卡儿目标路径表示为 $q_d(t) = [x_d(t) \quad y_d(t) \quad \theta_d(t)]^T$。把目标路径视作另一个移动的 WMR,这样它也满足运动学模型,即

$$\begin{bmatrix} \dot{x}_d(t) \\ \dot{y}_d(t) \\ \dot{\theta}_d(t) \end{bmatrix} = \begin{bmatrix} \cos(\theta_d(t)) \\ \sin(\theta_d(t)) \\ 0 \end{bmatrix} v_d(t) + \begin{bmatrix} 0 \\ 0 \\ 1 \end{bmatrix} w_d(t) \tag{5-1}$$

目标路径也满足相似的关系:

$$\theta_d(t) = \arctan[\dot{y}_d(t)/\dot{x}_d(t)] + k\pi, \quad k = 0, 1$$

$$v_d(t) = \pm\sqrt{[\dot{x}_d(t)]^2 + [\dot{y}_d(t)]^2}$$

$$w_d(t) = \frac{\ddot{y}_d(t)\dot{x}_d(t) - \ddot{x}_d(t)\dot{y}_d(t)}{[\dot{x}_d(t)]^2 + [\dot{y}_d(t)]^2}$$

由定理 4-1 可知,(x_d, y_d, θ_d) 也是平滑输出。

考虑 WMR 运动模型和式(5-1)中带有控制时滞 $\tau > 0$,即

$$\begin{bmatrix} \dot{x}(t) \\ \dot{y}(t) \\ \dot{\theta}(t) \end{bmatrix} = \begin{bmatrix} \cos[\theta(t)] \\ \sin[\theta(t)] \\ 0 \end{bmatrix} v(t-\tau) + \begin{bmatrix} 0 \\ 0 \\ 1 \end{bmatrix} w(t-\tau) \quad (5\text{-}2)$$

和

$$\begin{bmatrix} \dot{x}_d(t) \\ \dot{y}_d(t) \\ \dot{\theta}_d(t) \end{bmatrix} = \begin{bmatrix} \cos[\theta_d(t)] \\ \sin[\theta_d(t)] \\ 0 \end{bmatrix} v_d(t-\tau) + \begin{bmatrix} 0 \\ 0 \\ 1 \end{bmatrix} w_d(t-\tau) \quad (5\text{-}3)$$

这样,具有控制时滞的 WMR 和目标路径的状态空间表达式模型建立完成。

5.1.2 跟踪误差系统

将跟踪误差向量表示为

$$e(t) = \begin{bmatrix} e_1(t) \\ e_2(t) \\ e_3(t) \end{bmatrix} = \begin{bmatrix} \cos[\theta(t)] & \sin[\theta(t)] & 0 \\ -\sin[\theta(t)] & \cos[\theta(t)] & 0 \\ 0 & 0 & 1 \end{bmatrix} \begin{bmatrix} x_d(t) - x(t) \\ y_d(t) - y(t) \\ \theta_d(t) - \theta(t) \end{bmatrix} \quad (5\text{-}4)$$

将式(5-4)两边微分,将式(5-2)和式(5-3)代入结果,得到跟踪误差系统

$$\dot{e}(t) = \begin{bmatrix} \dot{e}_1(t) \\ \dot{e}_2(t) \\ \dot{e}_3(t) \end{bmatrix} = \begin{bmatrix} v_d(t-\tau)\cos[e_3(t)] - v(t-\tau) + e_2(t)w(t-\tau) \\ v_d(t-\tau)\sin[e_3(t)] - e_1(t)w(t-\tau) \\ w_d(t-\tau) - w(t-\tau) \end{bmatrix} \quad (5\text{-}5)$$

两个反馈线性化控制器 v 和 w 由式(5-6)给出

$$\begin{aligned} v(t-\tau) &= v_d(t-\tau)\cos[e_3(t)] - u_1(t-\tau) \\ w(t-\tau) &= w_d(t-\tau) - u_2(t-\tau) \end{aligned} \quad (5\text{-}6)$$

将式(5-5)中的控制器 v 和 w 替换为式(5-6)得

$$\dot{e}(t) = \begin{bmatrix} 0 & w_d(t-\tau) & 0 \\ -w_d(t-\tau) & 0 & 0 \\ 0 & 0 & 0 \end{bmatrix} e(t) + \begin{bmatrix} 0 \\ \sin[e_3(t)] \\ 0 \end{bmatrix} v_d(t-\tau) +$$

$$\begin{bmatrix} 1 & -e_2(t) \\ 0 & e_1(t) \\ 0 & 1 \end{bmatrix} \begin{bmatrix} u_1(t-\tau) \\ u_2(t-\tau) \end{bmatrix} \quad (5\text{-}7)$$

注意:对于目标路径,例如圆形、直线和 8 字形,v_d 和 w_d 是恒定的。在这些情况下,跟踪误差系统[式(5-7)]被简化为

$$\dot{e}(t) = \begin{bmatrix} 0 & w_d & 0 \\ -w_d & 0 & 0 \\ 0 & 0 & 0 \end{bmatrix} e(t) + \begin{bmatrix} 1 & -e_2(t) \\ 0 & e_1(t) \\ 0 & 1 \end{bmatrix} \begin{bmatrix} u_1(t-\tau) \\ u_2(t-\tau) \end{bmatrix} +$$

$$\begin{bmatrix} 0 \\ v_d \sin[e_3(t)] \\ 0 \end{bmatrix} \tag{5-8}$$

因此,要设计的控制器[式(5-6)]变为

$$v(t-\tau) = v_d \cos[e_3(t)] - u_1(t-\tau)$$
$$w(t-\tau) = w_d - u_2(t-\tau) \tag{5-9}$$

现在的目标是设计控制器 u_1 和 u_2,以确保误差系统[式 5-8]渐近稳定。

5.2 非线性预测跟踪控制

设计控制器为

$$u_1(t-\tau) = -k_1 e_1(t)$$
$$u_2(t-\tau) = -k_2 v_d e_2(t) \frac{\sin e_3(t)}{e_3(t)} - k_3 e_3(t) \tag{5-10}$$

式中,k_1、k_2、k_3 为待确定的正常数。这样,得到以下结果。

【定理 5-1】 考虑 WMR 系统,设计非线性跟踪控制器:

$$v(t-\tau) = v_d \cos[\theta_d - \theta(t)] + k_1 \{[x_d - x(t)]\cos\theta(t) + [y_d - y(t)]\sin\theta(t)\}$$

$$\omega(t-\tau) = \omega_d + k_2 v_d \frac{\sin[\theta_d - \theta(t)]}{\theta_d - \theta(t)} \{[y_d - y(t)]\cos\theta(t) + [x_d - x(t)]\sin\theta(t)\} +$$
$$k_3[\theta_d - \theta(t)] \tag{5-11}$$

式中,k_1、k_2、k_3 为正常数,则跟踪误差系统渐近稳定。

证明:将控制器[式 5-10]代入跟踪误差系统[式(5-8)],得到跟踪误差闭环系统:

$$\dot{e}(t) = \begin{bmatrix} -k_1 & w_d & 0 \\ -w_d & 0 & 0 \\ 0 & 0 & -k_3 \end{bmatrix} e(t) + \begin{bmatrix} k_2 v_d e_2^2(t) \dfrac{\sin e_3(t)}{e_3(t)} + k_3 e_2(t) e_3(t) \\ -k_2 v_d e_1(t) e_2(t) \dfrac{\sin e_3(t)}{e_3(t)} - k_3 e_1(t) e_3(t) + v_d \sin[e_3(t)] \\ -k_2 v_d e_2(t) \dfrac{\sin e_3(t)}{e_3(t)} \end{bmatrix}$$

$$\tag{5-12}$$

定义一个候选 Lyapunov 函数 $V(e) = k_2(e_1^2 + e_2^2)/2 + e_3^2/2$。沿闭环跟踪误差系统[式(5-12)]对方程两边进行微分得

$$\dot{V}(e) = -k_1 k_2 e_1^2 - k_3 e_3^2$$

式中,k_1、k_2、k_3 为正常数,显然,$\dot{V}(e)$ 是半正定的。根据李雅普诺夫稳定性理论,跟踪误差 e_1、e_2、e_3 以指数方式收敛到零。定理 5-1 证毕。

然而,应该注意到控制器[式(5-11)]是预测控制。换句话说,真正的控制器是

$$v(t) = v_d \cos[\theta_d - \theta(t+\tau)] + k_1\{[x_d - x(t+\tau)]\cos\theta(t+\tau) +$$
$$[y_d - y(t+\tau)]\sin\theta(t+\tau)\}$$
$$\omega(t) = \omega_d + k_2 v_d \frac{\sin[\theta_d - \theta(t+\tau)]}{\theta_d - \theta(t+\tau)}\{[y_d - y(t+\tau)]\cos\theta(t+\tau) +$$
$$[x_d - x(t)]\sin\theta(t)\} + k_3[\theta_d - \theta(t)] \tag{5-13}$$

这在物理上是无法实现的。为了实现预测控制器,将设计一个高增益观测器来构建预测状态,目的是估计式(5-13)中的预测状态。为了使观测器状态 $\hat{e}(t)$ 能够预测未来时间状态 $e(t+\tau)$,需要未来时间状态方程。由跟踪误差方程[式(5-8)]推导出未来时间状态方程:

$$\dot{e}(t+\tau) = \begin{bmatrix} 0 & w_d & 0 \\ -w_d & 0 & 0 \\ 0 & 0 & 0 \end{bmatrix} e(t+\tau) + \begin{bmatrix} 1 & -e_2(t+\tau) \\ 0 & e_1(t+\tau) \\ 0 & 1 \end{bmatrix} \begin{bmatrix} u_1(t) \\ u_2(t) \end{bmatrix} + \begin{bmatrix} 0 \\ v_d \sin[e_3(t+\tau)] \\ 0 \end{bmatrix}$$
$$\tag{5-14}$$

用预测状态 $\hat{e}(t)$ 替换式(5-14)中的未来时间状态,得到预测状态方程是

$$\dot{\hat{e}}(t) = \begin{bmatrix} 0 & w_d & 0 \\ -w_d & 0 & 0 \\ 0 & 0 & 0 \end{bmatrix} \hat{e}(t) + \begin{bmatrix} 1 & -\hat{e}_2(t) \\ 0 & \hat{e}_1(t) \\ 0 & 1 \end{bmatrix} \begin{bmatrix} u_1(t) \\ u_2(t) \end{bmatrix} + \begin{bmatrix} 0 \\ v_d \sin[\hat{e}_3(t)] \\ 0 \end{bmatrix} \tag{5-15}$$

将校正项添加到式(5-15)中即得到高增益观测器:

$$\dot{\hat{e}}(t) = \begin{bmatrix} 0 & w_d & 0 \\ -w_d & 0 & 0 \\ 0 & 0 & 0 \end{bmatrix} \hat{e}(t) + \begin{bmatrix} 1 & -\hat{e}_2(t) \\ 0 & \hat{e}_1(t) \\ 0 & 1 \end{bmatrix} \begin{bmatrix} u_1(t) \\ u_2(t) \end{bmatrix} + \begin{bmatrix} 0 \\ v_d \sin[\hat{e}_3(t)] \\ 0 \end{bmatrix} +$$
$$\begin{bmatrix} a_1/\varepsilon \\ a_2/\varepsilon^2 \\ a_3/\varepsilon^3 \end{bmatrix} [e_1(t) - \hat{e}_1(t-\tau)] \tag{5-16}$$

式中,$\varepsilon > 0$ 为待定的高增益参数;a_1、a_2、a_3 为待定的增益,以确保观测器特征根多项式 $s^3 + a_1 s^2 + a_2 s + a_3 = 0$ 为稳定的。这样,用高增益观测器[式(5-16)]产生的预测状态替换[式(5-13)]中的未来时间状态,得到定理 5-2 所述的输出反馈预测控制器。

【定理 5-2】 考虑 WMR 系统和高增益观测器[式(5-16)],设计非线性输出反馈跟踪控制器

$$\begin{cases} v(t) = v_d \cos[\hat{e}_3(t)] + k_1 \hat{e}_1(t) \\ \omega(t) = \omega_d + k_2 v_d \hat{e}_2(t) \dfrac{\sin[\hat{e}_3(t)]}{\hat{e}_3(t)} + k_3 \hat{e}_3(t) \end{cases} \tag{5-17}$$

式中,k_1、k_2、k_3 是正常数,而跟踪误差系统为渐近稳定。

5.3 仿真实验

在仿真中,将测试所设计控制器的有效性。目标轨迹为 8 字形,其中圆心坐标为 (x_c, y_c),目标轨迹方程描述为

$$x_d(t) = x_c + r_1 \times \sin(2\omega_d t)$$
$$y_d(t) = y_c + r_2 \times \sin(\omega_d t)$$

设置圆心在$(-3,3)$上,即$x_c=-3,y_c=3$。取$r_1=3,r_2=3,\omega_d=1/15$,则8字形方程变为

$$x_d=-3+3\times\sin\left(\frac{2}{15}t\right)$$

$$y_d=3+3\times\sin\left(\frac{1}{15}t\right)$$

设计高增益观测器[式(5-16)],并分别选择增益$a_1=3,a_2=3,a_3=1$和参数$\varepsilon=0.3$,$\varepsilon=0.5$,则输出反馈控制器是

$$v_s(t)=S_1\mathrm{sat}\left(\frac{v_d\cos[\hat{e}_3(t)]+k_1\hat{e}_1(t)}{S_1}\right)$$

$$\omega_s(t)=S_2\mathrm{sat}\left(\frac{\omega_d+k_2v_d\hat{e}_2(t)\sin[\hat{e}_3(t)]/\hat{e}_3(t)+k_3\hat{e}_3(t)}{S_2}\right)$$

式中,$S_1=\max_e|v|$;$S_2=\max_e|w|$;$\mathrm{sat}(\cdot)$表示饱和函数,是为了克服高增益观测器中的峰值现象。取初始状态$(x(0),y(0),\theta(0))=(0,3,\pi/2-1)$、控制时滞$\tau=0.1\mathrm{s}$进行仿真。图5-1描述了高增益观测器产生的预测状态与状态反馈控制(SFC)下的状态之间的估计误

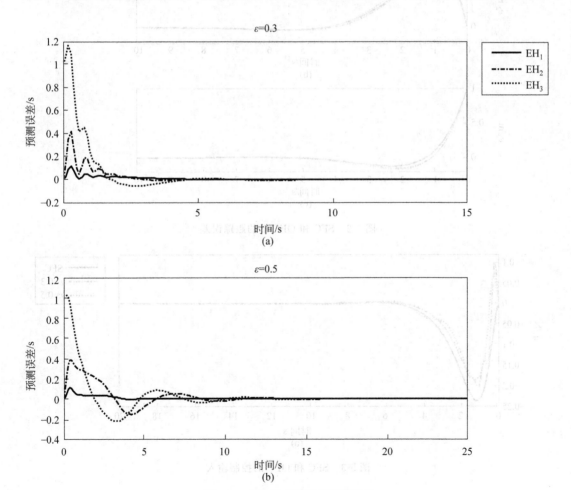

图5-1 高增益观测器的预测误差

差,它表明在大约 15s 时,预测状态接近状态反馈控制下的状态。图 5-2 和图 5-3 说明了 WMR 在状态反馈控制和取不同 ε 值时输出反馈控制(OFC)的跟踪误差,表明在一定范围内,随着 ε 的减小,状态轨迹更接近 SFC 下的状态轨迹。图 5-4 显示了 WMR 对 8 字形目标路径的跟踪路径。可以观察到,在设计的控制器 SFC 和 OFC 的作用下,WMR 成功地跟踪了目标路径。

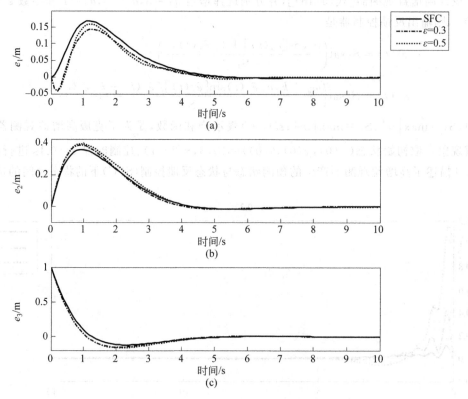

图 5-2　SFC 和 OFC 下的跟踪误差

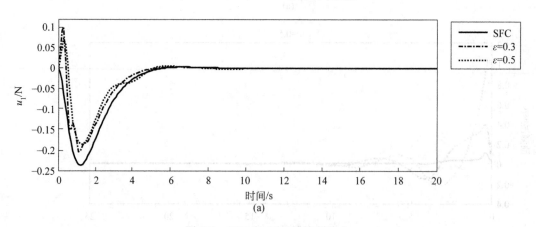

图 5-3　SFC 和 OFC 的控制输入

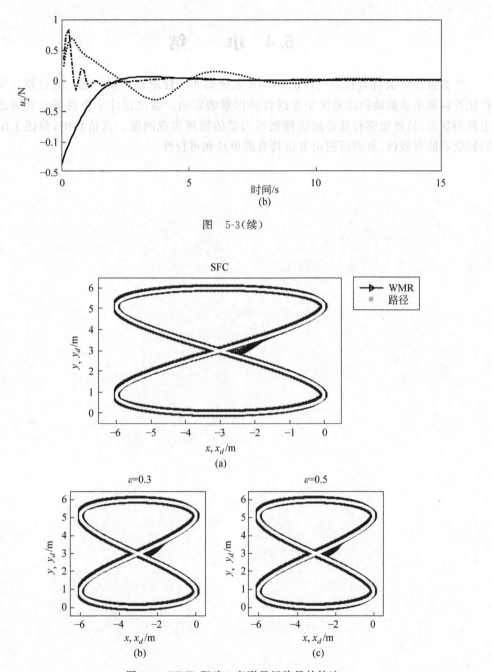

图 5-4　WMR 跟踪 8 字形目标路径的轨迹

从图 5-1～图 5-4 可以看出,在所设计的非线性控制器下,跟踪误差逐渐收敛到零,从而使 WMR 成功地跟踪了目标 8 字形路径,表明本章所提出的方法是有效和可行的。

5.4 小　结

　　本章旨在解决具有控制时滞的 WMR 系统的非线性跟踪控制问题。通过设计反馈线性化控制器来准确地消除系统中非线性项因素的影响。通过设计一个高增益观测器来产生预测状态，从而能够有效地解决预测控制器的物理实现问题。在仿真中，验证了所提出的控制器的有效性，表明所提出方法具有简单性和可行性。

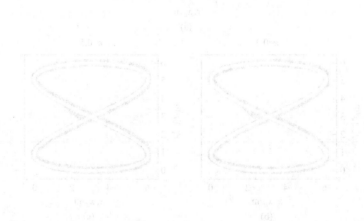

第6章 具有传感器时滞和控制时滞的轮式移动机器人系统预测跟踪控制

近年来,对于 WMR 的跟踪控制问题引起了广泛的探讨,所提出的跟踪控制策略中,有鲁棒跟踪控制策略、自适应运动控制策略、自适应轨迹跟踪控制、积分滑模控制、动态反演控制以及伺服跟踪控制等。然而,现代机器人都是工作在网络环境中,网络环境中信号在传输时不可避免地存在传输时滞、控制时滞、测量时滞等问题,尤其是控制时滞会产生预测性控制,从而导致所设计的控制器无法获得物理实现。最近有研究对 WMR 跟踪控制中的控制时滞问题进行了研究,有的是基于线性模型所设计的控制器,有的为非线性 WMR 模型设计了非线性控制器。然而,这些研究中仅考虑了 WMR 模型中的控制时滞,而没有考虑传感器时滞问题。

本章针对同时具有传感器时滞和控制时滞的非线性 WMR 运动模型设计了非线性控制器,特别地,本章研究了具有传感器时滞和控制时滞的 WMR 模型的预测控制器设计问题。它从两个方面拓展了前期的研究结果:首先,通过简化模型提出了一个可观测的 WMR 模型。其次,设计了高增益观测器并证明了输出反馈下状态的指数稳定性。本章介绍的主要内容有:首先,为 WMR 运动方程建立了状态空间表示。利用跟踪路径的状态空间表示与 WMR 的状态空间表示相对应的特点,推导出了具有传感器和控制时滞的非线性跟踪误差系统。然后,采用线性化方法设计状态反馈控制。最后,利用构造高增益观察器来产生预测状态,以便估计状态反馈中的未来时间状态。在仿真实验中,分别设计了 8 字形和圆形的跟踪目标路径,在本章所设计的非线性跟踪输出反馈控制作用下,验证了高增益观测器的跟踪误差和估计误差呈指数稳定,表明所提出的控制器的有效性和实用性。

6.1 状态空间表达式建模

6.1.1 目标路径

将预期的笛卡儿路径表示为 $q_d(t) = [x_d(t) \quad y_d(t) \quad \theta_d(t)]^{\mathrm{T}}$。将其视为另一个移动的 WMR,它也满足运动学模型,即

$$
\begin{bmatrix} \dot{x}_d(t) \\ \dot{y}_d(t) \\ \dot{\theta}_d(t) \end{bmatrix} = \begin{bmatrix} \cos[\theta_d(t)] \\ \sin[\theta_d(t)] \\ 0 \end{bmatrix} v_d(t) + \begin{bmatrix} 0 \\ 0 \\ 1 \end{bmatrix} w_d(t) \tag{6-1}
$$

且目标路径也满足相似的关系:

$$
\theta_d(t) = \arctan[\dot{y}_d(t)/\dot{x}_d(t)] + k\pi, \quad k = 0, 1
$$

$$v_d(t) = \pm\sqrt{[\dot{x}_d(t)]^2 + [\dot{y}_d(t)]^2}$$

$$w_d(t) = \frac{\ddot{y}_d(t)\dot{x}_d(t) - \ddot{x}_d(t)\dot{y}_d(t)}{[\dot{x}_d(t)]^2 + [\dot{y}_d(t)]^2}$$

根据定理 4-1 可知,(x_d, y_d, θ_d) 也是平滑输出。

考虑具有控制时滞 $\tau > 0$ 的 WMR 运动模型和式(6-1),即

$$\begin{bmatrix} \dot{x}(t) \\ \dot{y}(t) \\ \dot{\theta}(t) \end{bmatrix} = \begin{bmatrix} \cos[\theta(t)] \\ \sin[\theta(t)] \\ 0 \end{bmatrix} v(t-\tau) + \begin{bmatrix} 0 \\ 0 \\ 1 \end{bmatrix} w(t-\tau) \tag{6-2}$$

和

$$\begin{bmatrix} \dot{x}_d(t) \\ \dot{y}_d(t) \\ \dot{\theta}_d(t) \end{bmatrix} = \begin{bmatrix} \cos[\theta_d(t)] \\ \sin[\theta_d(t)] \\ 0 \end{bmatrix} v_d(t-\tau) + \begin{bmatrix} 0 \\ 0 \\ 1 \end{bmatrix} w_d(t-\tau) \tag{6-3}$$

这样,具有控制时滞的 WMR 和目标路径的状态空间表达式建立完毕。

6.1.2 跟踪误差系统

记跟踪误差向量表示为

$$e(t) = \begin{bmatrix} e_1(t) \\ e_2(t) \\ e_3(t) \end{bmatrix} = \begin{bmatrix} \cos[\theta(t)] & \sin[\theta(t)] & 0 \\ -\sin[\theta(t)] & \cos[\theta(t)] & 0 \\ 0 & 0 & 1 \end{bmatrix} \begin{bmatrix} x_d(t) - x(t) \\ y_d(t) - y(t) \\ \theta_d(t) - \theta(t) \end{bmatrix} \tag{6-4}$$

将式(6-4)两边微分,再将式(6-2)代入结果,则得到跟踪误差系统:

$$\dot{e}(t) = \begin{bmatrix} \dot{e}_1(t) \\ \dot{e}_2(t) \\ \dot{e}_3(t) \end{bmatrix} = \begin{bmatrix} v_d(t-\tau)\cos[e_3(t)] - v(t-\tau) + e_2(t)w(t-\tau) \\ v_d(t-\tau)\sin[e_3(t)] - e_1(t)w(t-\tau) \\ w_d(t-\tau) - w(t-\tau) \end{bmatrix} \tag{6-5}$$

具有传感器时滞的输出为 $y(t) = Ce(t-\sigma)$,即其中 $\sigma > 0$ 是传感器时滞且 $C = [1 \quad 0 \quad 0]$。

两个反馈线性化控制器由式(6-6)给出:

$$\begin{cases} v(t-\tau) = v_d(t-\tau)\cos[e_3(t)] - u_1(t-\tau) \\ w(t-\tau) = w_d(t-\tau) - u_2(t-\tau) \end{cases} \tag{6-6}$$

用式(6-6)替换式(6-5)中的控制器 v 和 w,得

$$\dot{e}(t) = \begin{bmatrix} 0 & w_d(t-\tau) & 0 \\ -w_d(t-\tau) & 0 & 0 \\ 0 & 0 & 0 \end{bmatrix} e(t) + \begin{bmatrix} 0 \\ \sin[e_3(t)] \\ 0 \end{bmatrix} v_d(t-\tau) +$$

$$\begin{bmatrix} 1 & -e_2(t) \\ 0 & e_1(t) \\ 0 & 1 \end{bmatrix} \begin{bmatrix} u_1(t-\tau) \\ u_2(t-\tau) \end{bmatrix} \tag{6-7}$$

对于目标路径,如圆、直线和 8 字形,v_d 和 w_d 是恒定的。同时,取 $\sin[e_3(t)] = e_3(t)$,则跟

踪误差系统[式(6-7)]简化为

$$\dot{e}(t) = \begin{bmatrix} 0 & w_d & 0 \\ -w_d & 0 & v_d \\ 0 & 0 & 0 \end{bmatrix} e(t) + \begin{bmatrix} 1 & -e_2(t) \\ 0 & e_1(t) \\ 0 & 1 \end{bmatrix} \begin{bmatrix} u_1(t-\tau) \\ u_2(t-\tau) \end{bmatrix} \tag{6-8}$$

$$y(t) = Ce(t-\sigma)$$

因此,所要设计的控制器被简化为

$$\begin{cases} v(t-\tau) = v_d \cos[e_3(t)] - u_1(t-\tau) \\ w(t-\tau) = w_d - u_2(t-\tau) \end{cases} \tag{6-9}$$

现在的目标是设计式(6-9)中的控制器 u_1 和 u_2,以确保误差系统[式(6-8)]渐近稳定。

注意:矩阵对 (A,C) 是可观测的,这一条件保证了构造观测器的可行性。

6.2 预测跟踪控制器设计

将控制器设计为

$$\begin{cases} u_1(t-\tau) = -k_1 e_1(t) \\ u_2(t-\tau) = -k_2 v_d e_2(t) - k_3 e_3(t) \end{cases} \tag{6-10}$$

式中,k_1、k_2、k_3 是待确定的正常数。将控制器[式(6-10)]代入系统[式(6-6)]得到定理 6-1 中所述的预测控制器。

【定理 6-1】 考虑 WMR 系统,设计预测跟踪控制:

$$v(t) = v_d \cos[\theta_d - \theta(t+\tau)] + k_1 \{ [(x_d - x(t+\tau)] \cos\theta(t+\tau) +$$
$$[y_d - y(t+\tau)] \sin\theta(t+\tau) \}$$

$$w(t) = w_d + k_2 v_d \{ [y_d - y(t+\tau)] \cos\theta(t+\tau) - [x_d - x(t+\tau)] \sin\theta(t+\tau) \} +$$
$$k_3 [\theta_d - \theta(t+\tau)] \tag{6-11}$$

式中,k_1、k_2、k_3 是正常数,而跟踪误差系统是渐近稳定的。

证明:将控制器[式(6-11)]代入跟踪误差系统[式(6-5)],即将控制器[式(6-10)]代入系统[式(6-8)],得到跟踪误差闭环系统:

$$\dot{e}(t) = \begin{bmatrix} -k_1 & w_d & 0 \\ -w_d & 0 & v_d \\ 0 & -k_2 v_d & -k_3 \end{bmatrix} e(t) + \begin{bmatrix} k_2 v_d e_2^2(t) + k_3 e_2(t) e_3(t) \\ -k_2 v_d e_1(t) e_2(t) - k_3 e_1(t) e_3(t) \\ 0 \end{bmatrix} \tag{6-12}$$

定义一个候选 Lyapunov 函数 $V(e) = k_2(e_1^2 + e_2^2)/2 + e_3^2/2$,沿闭环跟踪误差系统[式(6-12)]对它的两侧进行微分,得

$$\dot{V}(e) = k_2[e_1(t)\dot{e}_1(t) + e_2(t)\dot{e}_2(t)] + e_3(t)\dot{e}_3(t) \tag{6-13}$$

将式(6-12)中的相应方程代入式(6-13)得

$$\dot{V}(e) = -k_1 k_2 e_1^2 - k_3 e_3^2 \leqslant 0$$

式中,k_1、k_2、k_3 为正常数。根据李雅普诺夫稳定性理论,跟踪误差 e_1、e_2、e_3 呈指数稳定。

定理 6-1 得证。

控制器[式(6-11)]是预测控制,无法在物理上得到实现。为了实现预测控制器,将设计一个高增益观测器来产生预测状态,以便估计式(6-13)中的预测状态。为了使观测器的状态 $\hat{e}(t)$ 预测未来时间状态 $e(t+\tau)$,需要未来时间状态方程。从跟踪误差方程[式(6-8)]推导出未来时间状态方程,即

$$\dot{e}(t+\tau)=\begin{bmatrix}0 & w_d & 0\\ -w_d & 0 & v_d\\ 0 & 0 & 0\end{bmatrix}e(t+\tau)+\begin{bmatrix}1 & -e_2(t+\tau)\\ 0 & e_1(t+\tau)\\ 0 & 1\end{bmatrix}\begin{bmatrix}u_1(t)\\ u_2(t)\end{bmatrix} \quad (6\text{-}14)$$

用预测状态 $\hat{e}(t)$ 替换式(6-14)中的未来时间状态得到未来时间状态方程,即

$$\dot{\hat{e}}(t)=\begin{bmatrix}0 & w_d & 0\\ -w_d & 0 & v_d\\ 0 & 0 & 0\end{bmatrix}\hat{e}(t)+\begin{bmatrix}1 & -\hat{e}_2(t)\\ 0 & \hat{e}_1(t)\\ 0 & 1\end{bmatrix}\begin{bmatrix}u_1(t)\\ u_2(t)\end{bmatrix} \quad (6\text{-}15)$$

将校正项添加到式(6-15)中就产生由式(6-16)描述的高增益观测器:

$$\dot{\hat{e}}(t)=\begin{bmatrix}0 & w_d & 0\\ -w_d & 0 & v_d\\ 0 & 0 & 0\end{bmatrix}\hat{e}(t)+\begin{bmatrix}1 & -\hat{e}_2(t)\\ 0 & \hat{e}_1(t)\\ 0 & 1\end{bmatrix}\begin{bmatrix}u_1(t)\\ u_2(t)\end{bmatrix}+$$
$$\begin{bmatrix}a_1/\varepsilon\\ a_2/\varepsilon^2\\ a_3/\varepsilon^3\end{bmatrix}[e_1(t-\sigma)-\hat{e}_1(t-\sigma-\tau)] \quad (6\text{-}16)$$

式中,$\varepsilon>0$ 为待确定的高增益参数;a_1、a_2、a_3 为待确定的增益。这样,用高增益观测器[式(6-16)]产生的预测状态替换式(6-11)中的未来时间状态,得到定理 6-2 中所述的输出反馈预测控制器。

【**定理 6-2**】 考虑 WMR,设计基于高增益观测器[式(6-16)]的非线性输出反馈跟踪控制器

$$\begin{cases}v(t)=v_d\cos[\hat{e}_3(t)]+k_1\hat{e}_1(t)\\ w(t)=w_d+k_2 v_d\hat{e}_2(t)+k_3\hat{e}_3(t)\end{cases} \quad (6\text{-}17)$$

式中,k_1、k_2、k_3 是正常数,而跟踪误差系统是指数稳定的。

证明:定义高增益观测器的误差为 $E(t)=e(t)-\hat{e}(t-\tau)$。将该方程两边微分,代入式(6-8)和式(6-16),得

$$\dot{E}(t)=AE(t)+B[e(t),\hat{e}(t-\tau)]u[\hat{e}(t-\tau)]+HCE(t-\sigma-\tau) \quad (6\text{-}18)$$

式中,

$$A=\begin{bmatrix}0 & w_d & 0\\ -w_d & 0 & v_d\\ 0 & 0 & 0\end{bmatrix},\quad B[e(t),\hat{e}(t-\tau)]=\begin{bmatrix}0 & \hat{e}_2(t-\tau)-e_2(t)\\ 0 & e_1(t)-\hat{e}_1(t-\tau)\\ 0 & 0\end{bmatrix},$$
$$H=\begin{bmatrix}a_1/\varepsilon\\ a_2/\varepsilon^2\\ a_3/\varepsilon^3\end{bmatrix}$$

定义一个尺度预测误差 $\eta = M^{-1}(\varepsilon)e(t)$，其中 $M(\varepsilon) = \mathrm{diag}(\varepsilon^2, \varepsilon, 1)$。由于

$$\varepsilon M^{-1}(\varepsilon)AM(\varepsilon) = \bar{A}, \quad \varepsilon M^{-1}(\varepsilon)HCM(\varepsilon) = \bar{H}C$$

尺度误差系统为

$$\varepsilon\dot{\eta}(t) = \bar{A}\eta(t) - \bar{H}C\eta(t-\sigma-\tau) + \varepsilon F[e(t), M(\varepsilon)\eta(t)] \tag{6-19}$$

式中，

$$\bar{A} = \begin{bmatrix} 0 & w_d & 0 \\ w_d/\varepsilon^2 & 0 & v_d \\ 0 & 0 & 0 \end{bmatrix}, \quad \bar{H} = \begin{bmatrix} a_1 \\ a_2 \\ a_3 \end{bmatrix}$$

$$F[\varepsilon, e(t), M(\varepsilon)\eta(t)] \triangleq M^{-1}(\varepsilon)B\{[e(t), \hat{e}(t-\tau)]u(\hat{e}(t-\tau))\}$$

式中，F 为李普希兹。将变换 $\eta(t-\sigma-\tau) = \eta(t) - Q$ 应用到式(6-19)得

$$\varepsilon\dot{\eta}(t) = \tilde{A}\eta(t) + \bar{H}CQ + \varepsilon F[e(t), M(\varepsilon)\eta(t)]$$

式中，$\tilde{A} = \bar{A} - \bar{H}C$ 是渐近稳定的且 $Q = \int_{t-\sigma-\tau}^{t} \dot{\eta}(s)\mathrm{d}s$。使用 Lyapunov-Krasovskii 候选泛函：

$$\bar{V}(\eta, \eta_t) = \eta^{\mathrm{T}}P\eta + \int_{t-r}^{t} (s-t+r)\|\dot{\eta}(s)\|^2 \mathrm{d}s$$

式中，$\bar{V}(\eta, \eta_t)$ 是绝对连续且平方可积的；P 满足 $\tilde{A}^{\mathrm{T}}P + P\tilde{A} = -1$，可以证明未扰动系统 $\varepsilon\dot{\eta}(t) = \tilde{A}\eta(t) + \bar{H}CQ$ 在 $\varepsilon > \kappa_1 r$ 下是全局指数稳定的，其中 $\kappa_1 > 0, r = \sigma + \tau$。应用逆 Lyapunov 泛函 $\tilde{V}(\eta_t, \varepsilon)$，并且由于 $\|F\| \leqslant \kappa_2 \|\eta_t\|_s + \kappa_3 \|e_t\|_s$，其中 $\kappa_2, \kappa_3 > 0, \chi_t \triangleq \chi(t+\vartheta), \vartheta \in [-r, 0], \|\cdot\|_s$ 表示超范数，可以证明对于任意 $\kappa_1 r \leqslant \varepsilon \leqslant \varepsilon_1$，存在 $\varepsilon_1 > \kappa_1 r$，使得误差系统[式(6-18)]是指数稳定的。定理6-2证毕。

6.3 仿真实验

仿真中将测试所设计控制器的有效性。首先，设计跟踪的目标轨迹为8字形，其圆心坐标为 (x_c, y_c)，描述为

$$x_d(t) = x_c + r_1 \sin(2w_d t)$$
$$y_d(t) = y_c + r_2 \sin(w_d t)$$

将圆心设置在 $(-3, 3)$ 上，即 $x_c = -3, y_c = 3$。取 $r_1 = 3, r_2 = 3, w_d = 1/15$，则8字形方程变为

$$x_d = -3 + 3 \times \sin\left(\frac{2}{15}t\right)$$

$$y_d = 3 + 3 \times \sin\left(\frac{1}{15}t\right)$$

高增益观测器[式(6-16)]的高增益参数为 $\varepsilon = 0.26, \varepsilon = 0.39$，增益为 $a_1 = 3, a_2 = 26/3, a_3 = 3$，则输出反馈控制器是

$$v_s(t) = S_1 \mathrm{sat}\left[\frac{v_d\cos[\hat{e}_3(t)] + k_1\hat{e}_1(t)}{S_1}\right]$$

$$w_s(t) = S_2 \mathrm{sat}\left[\frac{w_d + k_2 v_d\hat{e}_2(t) + k_3\hat{e}_3(t)}{S_2}\right]$$

式中，$S_1 = \max_e |v|$；$S_2 = \max_e |w|$；sat(·)表示饱和函数，以克服高增益观测器中的峰值现象。仿真是在初始状态$(x(0), y(0), \theta(0)) = (0, 0, 1)$和时滞$\sigma = 0.04\text{s}, \tau = 0.06\text{s}$下进行的。图 6-1 描绘了$\varepsilon = 0.26, \varepsilon = 0.39$时高增益观测器产生的预测状态与状态反馈控制(SFC)状态之间的预测误差，表明在大约 60s 时，预测状态接近状态反馈控制下的状态。图 6-2 和图 6-3 分别说明了 WMR 在状态反馈控制和取不同的 ε 时的输出反馈控制(OFC)下的跟踪误差，表明在一定范围内，随着 ε 的减小，状态轨迹更接近 SFC 下的状态轨迹。图 6-4 显示了 WMR 对 8 字形目标路径的跟踪路径。可以观察到，在设计的控制器 SFC 和 OFC 的作用下，WMR 成功地跟踪了目标路径。

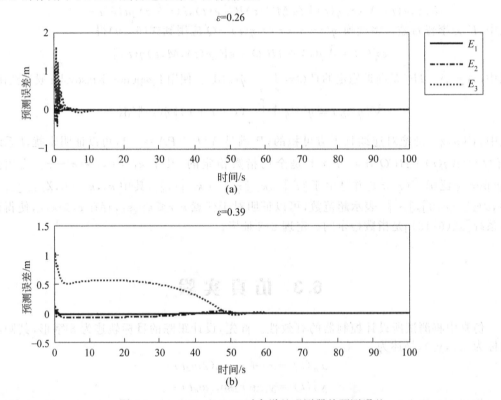

图 6-1　$\varepsilon = 0.26, \varepsilon = 0.39$ 时高增益观测器的预测误差

然后又设置了一个圆形的跟踪目标轨迹，由以下方程描述：

$$x_d(t) = x_c + R\cos(w_d t)$$
$$y_d(t) = y_c + R\sin(w_d t)$$

取 $R = 1, w_d = 1/3, v_d = 1$ 和 $x_c = -3, y_c = 3$，且 $a_1 = 3, a_2 = 9, a_3 = 3$ 和 $\varepsilon = 0.4, \varepsilon = 0.9$ 进行仿真。图 6-5 描绘了 $\varepsilon = 0.4, \varepsilon = 0.9$ 时由高增益观测器生成的预测状态与 SFC 下的状态之间的预测误差，表明在大约 10s 时，预测状态接近状态反馈控制下的状态。图 6-6 和图 6-7 分别说明了 WMR 在 SFC 和取不同的 ε 时 OFC 下的跟踪误差，表明在一定范围内，随着 ε 的减小，状态轨迹更接近 SFC 下的状态轨迹。图 6-8 显示了 WMR 对目标圆路径的跟踪路径，可以观察到，在设计的控制器 SFC 和 OFC 的作用下，WMR 成功地跟踪了目标路径。

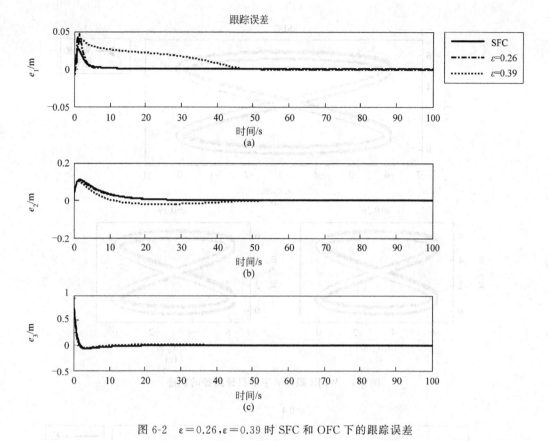

图 6-2 $\varepsilon = 0.26$,$\varepsilon = 0.39$ 时 SFC 和 OFC 下的跟踪误差

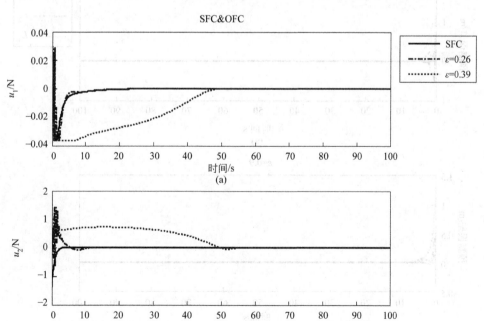

图 6-3 $\varepsilon = 0.26$,$\varepsilon = 0.39$ 时 SFC 和 OFC 的控制输入

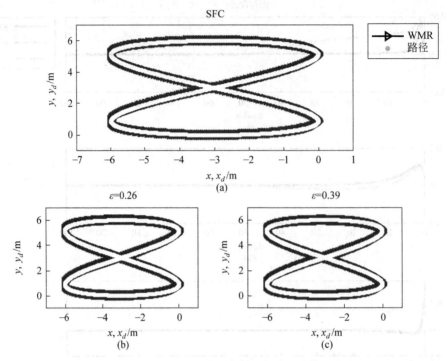

图 6-4　WMR 跟踪 8 字形目标路径的轨迹

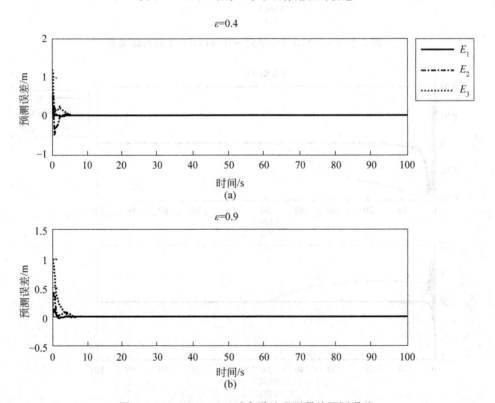

图 6-5　$\varepsilon=0.4, \varepsilon=0.9$ 时高增益观测器的预测误差

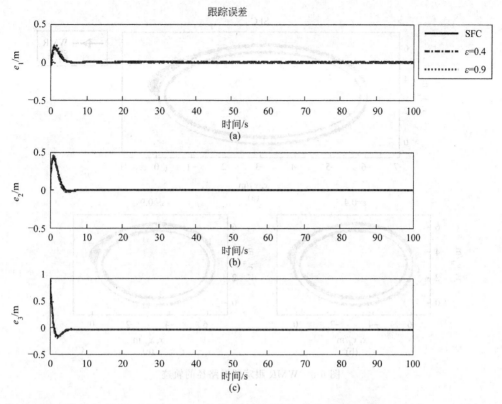

图 6-6 ε＝0.4，ε＝0.9 时 SFC 和 OFC 下的跟踪误差

由图 6-6 和图 6-7 可知，在 SFC 和 OFC 下系统状态及控制输入均能收敛到平衡点，且当 WMR 受到扰动时，由 OFC 控制时表现出较小的波动，由此看出，OFC 具有较好的鲁棒性能。

6.4 小 结

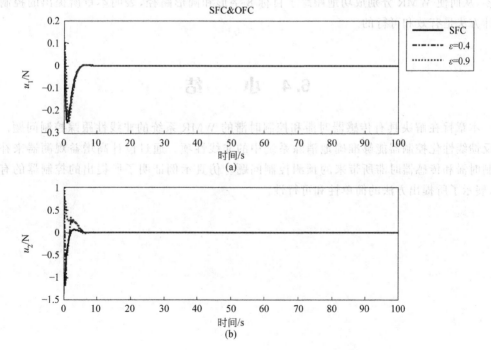

图 6-7 ε＝0.4，ε＝0.9 时 SFC 和 OFC 的控制输入

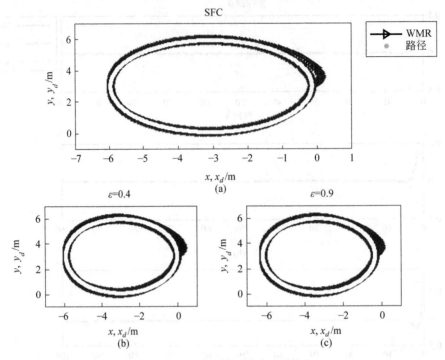

图 6-8　WMR 跟踪圆形路径的轨迹

从图 6-1～图 6-8 可以看出,在本章所设计的非线性控制器作用下,跟踪误差逐渐趋近于零,从而使 WMR 分别成功地跟踪了目标 8 字形和圆形路径,表明本章所提出的控制器设计方法是有效和可行的。

6.4　小　　结

本章旨在解决具有传感器时滞和控制时滞的 WMR 系统的非线性跟踪控制问题。利用反馈线性化控制器能够准确地消除系统中的非线性项。通过设计高增益观测器来补偿控制时滞和传感器时滞所带来的预测控制问题。仿真示例证明了所提出的控制器的有效性,展示了所提出方法的简单性和可行性。

第7章 非线性输出系统基于无源性的高增益观测器输出反馈控制

人们对于高增益观测器的研究已经有几十年，并且取得了丰硕的成果，研究范围包括稳定、跟踪、调节以及从无时滞到时滞系统。众所周知，高增益观测器在处理模型不确定性和恢复状态反馈的性能方面具有独特的优势。然而，构建高增益观测器除了存在对原系统的其他要求外，它对模型的表达形式也有所限制，即要求原系统具有以下形式：

$$\dot{w} = \varphi(w, x, u)$$

$$\dot{x}_i = x_{i+1} + \zeta_i(x_1, \cdots, x_i, u), \quad 1 \leqslant i \leqslant n-1$$

$$\dot{x}_n = \phi(w, x, u)$$

$$y = x_1$$

注意：除了对第一个到第 n 个状态方程形式的限制外，还要求输出方程需要使用系统的第一个状态，这意味着高增益观测器应该是从系统的第一个状态获取信息，而且输出方程是线性关系。那么，如果系统输出方程由非线性关系式 $y = h(x_1)$ 给出，是否仍然可以设计一个高增益观测器来实现输出反馈控制，并且仍然能恢复状态反馈的性能呢？

输出关系使用非线性的原因是：在实际工程中，由于安装误差、机械磨损和腐蚀以及电子元器件老化等原因，有一些传感器表现出非线性特性，如法布里—珀罗干涉仪传感器、集成硅压力传感器、照相胶片、光纤应变传感器和光学编码器等。传感器接收到的信号与传感器感测到的信号之间的非线性关系被描述为正弦、反切线和多项式。随着对高精度传感器的要求越来越高，越来越需要对非线性输出进行研究。这些从传感器感测到的失真信号的值会围绕待测信号的准确值变化，即非线性输出曲线在某些域中围绕线性输出曲线 $y = x_1$ 变化，属于笛卡儿坐标系中的第一象限和第三象限。对于这些描述传感器输入和输出关系的函数，它们具有一个共同的无源特性；换句话说，输出函数 $y = h(x_1)$ 的斜率被限制在一个扇区中，如对于 $x_1 \in \mathbb{X}_1$，有 $\partial h(x_1)/\partial x_1 \geqslant \beta$，其中 $\mathbb{X}_1 \subseteq \mathbb{R}$ 且 $\beta \geqslant 0$，是一个常数。关于无源性、基于无源性的控制、扇区边界非线性等概念的参考文献很多，可以提前了解。

本章的研究是为具有非线性输出的系统设计一个高增益观测器，且所设计的高增益观测器已考虑了不确定建模因素的影响，其中，与估计误差稳定性相关的衰减率是不同于一般观测器的关键特征。本章在前期研究的基础上，证明了输出函数的无源性、边界层系统传递函数的严正实性以及扩展结果。本章首次证明了具有非线性输出的输出反馈控制的性能恢复特性，且所有结果均考虑了全局和区域两种情况。然后，运用单摆系统进行仿真实验，以验证本章所设计控制器的有效性。尤其是，本章最后展示了极点配置法相比求解矩阵方程法的优点：一是观测器特征值可以任意分配以形成瞬态响应，二是极点配置法降低了计算复杂度。

7.1 系 统 描 述

考虑一个非线性系统：

$$\begin{cases} \dot{w} = \varphi(w,x,u) \\ \dot{x} = A_0 x + \zeta(w,x,u) \\ y = h(x_1) \end{cases} \tag{7-1}$$

式中，$w \in \mathbb{R}^m$ 和 $x = \mathrm{col}(x_1, x_2, \cdots, x_n) \in \mathbb{R}^n$ 形成状态向量；$u \in \mathbb{R}^m$ 是输入；$y \in \mathbb{R}$ 是测量输出，且

$$A_0 = \begin{bmatrix} 0 & 1 & 0 & \cdots & 0 \\ 0 & 0 & 1 & \cdots & 0 \\ \vdots & \vdots & \vdots & \ddots & \vdots \\ 0 & 0 & 0 & \cdots & 1 \\ 0 & 0 & 0 & \cdots & 0 \end{bmatrix}_{n \times n}, \quad \zeta(w,x,u) = \begin{bmatrix} \zeta_1(x_1, u) \\ \zeta_2(x_1, x_2, u) \\ \vdots \\ \zeta_{n-1}(x_1, \cdots, x_{n-1}, u) \\ \phi(w, x, u) \end{bmatrix}$$

系统[式(7-1)]满足以下假设。

假设 1：函数 $\varphi, \zeta_1, \cdots, \zeta_{n-1}, \phi$ 和 h 是论域中的局部李普希兹且 $\varphi(0,0,0) = 0$，$\zeta_i(0,0,0) = 0 (i = 1, \cdots, n-1)$，$\phi(0,0,0) = 0$，$h(0) = 0$。对于任何紧集 $X \subset \mathbb{R}^n$，函数 $\zeta_1, \cdots, \zeta_{n-1}$ 在 u 上一致地是局部 x 的李普希兹，即对任意 $x, z \in X$ 和 $u \in U$，有

$$|\zeta_i(x_1, \cdots, x_i, u) - \zeta_i(z_1, \cdots, z_i, u)| \leqslant L_i \sum_{j=1}^{i} |x_j - z_j| \tag{7-2}$$

式中，$L_i (i = 1, \cdots, n-1)$ 是正常数。

假设 2：对于 $t \geqslant t_0$，$w(t)$、$x(t)$ 和 $u(t)$ 有界。特别地，对 $t \geqslant t_0$，$w \in W \subset \mathbb{R}^m$，$x \in X \subset \mathbb{R}^n$，$u \in U \subset \mathbb{R}^m$，其中 W、X、U 为紧集。

能够从状态 x 中估计部分状态的高增益观测器为

$$\dot{\hat{x}} = A_0 \hat{x} + B_0 \phi_0(\hat{x}, u) + \Delta_0(\hat{x}_1, \cdots, \hat{x}_{n-1}, u) + H[y(x_1) - h(\hat{x}_1)] \tag{7-3}$$

且

$$\hat{x} = \begin{bmatrix} \hat{x}_1 \\ \hat{x}_2 \\ \vdots \\ \hat{x}_n \end{bmatrix}, \quad B_0 = \begin{bmatrix} 0 \\ \vdots \\ 0 \\ 1 \end{bmatrix}, \quad \Delta_0(\hat{x}_1, \cdots, \hat{x}_{n-1}, u) = \begin{bmatrix} \zeta_1^s(\hat{x}_1, u) \\ \zeta_2^s(\hat{x}_1, \hat{x}_2, u) \\ \vdots \\ \zeta_{n-1}^s(\hat{x}_1, \cdots, \hat{x}_{n-1}, u) \\ 0 \end{bmatrix}, \quad H = \begin{bmatrix} \dfrac{\alpha_1}{\beta \varepsilon} \\ \dfrac{\alpha_2}{\beta \varepsilon^2} \\ \vdots \\ \dfrac{\alpha_n}{\beta \varepsilon^n} \end{bmatrix}$$

式中，ϕ_0 是 ϕ 的标称模型；$\varepsilon > 0$ 是一个足够小的常数。在观测器增益矩阵 H 中，$\beta > 0$ 是待确定的常数，$\alpha_i > 0 (i = 1, 2, \cdots, n)$ 是使得以下特征值多项式的根具有待确定的特点：

$$s^n + \alpha_1 s^{n-1} + \cdots + \alpha_{n-1} s + \alpha_n = 0 \tag{7-4}$$

函数 ϕ_0 和 $\zeta_1^s, \cdots, \zeta_{n-1}^s$ 需要满足以下假设。

假设 3：$\zeta_1^s, \cdots, \zeta_{n-1}^s$ 是局部李普希兹，即对 $\hat{x}, z \in \mathbb{R}^n$ 有

$$|\zeta_i^s(\hat{x}_1, \cdots, \hat{x}_i, u) - \zeta_i^s(z_1, \cdots, z_i, u)| \leqslant M_i \sum_{j=1}^{i} |\hat{x}_j - z_j| \tag{7-5}$$

对 $\hat{x} \in \mathbb{X}, u \in \mathbb{U}$，有

$$\zeta_i^s(\hat{x}_1, \cdots, \hat{x}_i, u) = \zeta_i(\hat{x}_1, \cdots, \hat{x}_i, u) \tag{7-6}$$

假设 4：ϕ_0 在其论域中是局部李普希兹，且对 $w \in \mathbb{W}, x \in \mathbb{X}, z \in \mathbb{R}^n, u \in \mathbb{U}$，有

$$|\phi(w, x, u) - \phi_0(z, u)| \leqslant M_0 \|x - z\| + N \tag{7-7}$$

式中，M_0 和 N 是正常数。

注意：不等式(7-2)和式(7-5)之间的区别如下。式(7-2)对紧集中的 x、z 成立，而式(7-5)对所有 x、z 成立。如果李普希兹条件[式(7-2)]全局成立，可以取 $\zeta_i^s = \zeta_i$；否则，通过在紧集 $\mathbb{X}$ 之外饱和 ζ_i 来定义 ζ_i^s；即由 $\zeta_i^s = \mu_i \mathrm{sat}(\zeta_i/\mu_i)$ 来定义 ζ_i^s，其中 $\mu_i \geqslant \max_{x \in \mathbb{X}} |\zeta_i|$，$\mathrm{sat}(\cdot)$ 是由 $\mathrm{sat}(\cdot) = \min\{1, |\cdot|\} \mathrm{sign}(\cdot)$ 定义的标准饱和函数。

$\phi_0(\hat{x}, u)$ 可以通过在紧集 $\mathbb{X}$ 外饱和来使其全局李普希兹。如果 ϕ 是未知的，可以令 $\phi_0 = 0$；如果 ϕ 是精确已知的，可以取 $\phi_0 = \phi$ 并在紧集 $\mathbb{X}$ 外饱和。

7.2 估 计 误 差

7.2.1 尺度估计误差系统

采用奇异摄动法得到尺度估计误差方程。定义一组变量：

$$\begin{cases} \eta_1 = x_1 - \hat{x}_1 \\ \eta_2 = \varepsilon(x_2 - \hat{x}_2) \\ \quad\vdots \\ \eta_{n-1} = \varepsilon^{n-2}(x_{n-1} - \hat{x}_{n-1}) \\ \eta_n = \varepsilon^{n-1}(x_n - \hat{x}_n) \end{cases} \tag{7-8}$$

即

$$\boldsymbol{\eta} = \boldsymbol{D}(\varepsilon)(x - \hat{x})$$

式中，

$$\boldsymbol{\eta} = \begin{bmatrix} \eta_1 \\ \eta_2 \\ \vdots \\ \eta_n \end{bmatrix}, \quad \boldsymbol{D}(\varepsilon) = \begin{bmatrix} 1 & 0 & \cdots & 0 \\ 0 & \varepsilon & \cdots & 0 \\ 0 & 0 & \ddots & 0 \\ 0 & 0 & \cdots & \varepsilon^{n-1} \end{bmatrix}$$

对式(7-8)的两边进行微分，并分别用式(7-1)和式(7-3)中的 $\dot{x}$ 和 $\dot{\hat{x}}$ 替换，得到尺度估计误差方程：

$$\varepsilon \dot{\boldsymbol{\eta}} = A\eta - B\psi(\eta_1, x_1) + \varepsilon \Delta(x, u) \tag{7-9}$$

式中，

$$\boldsymbol{A} = A_0 - HC = \begin{bmatrix} -\alpha_1 & 1 & 0 & \cdots & 0 \\ -\alpha_2 & 0 & 1 & \cdots & 0 \\ \vdots & \vdots & \vdots & \ddots & \vdots \\ -\alpha_{n-1} & 0 & 0 & \cdots & 1 \\ -\alpha_n & 0 & 0 & \cdots & 0 \end{bmatrix}, \quad \boldsymbol{B} = \frac{1}{\beta}\begin{bmatrix} \alpha_1 \\ \alpha_2 \\ \vdots \\ \alpha_n \end{bmatrix}, \quad \boldsymbol{C} = \begin{bmatrix} 1 & 0 & \cdots & 0 \end{bmatrix}_{1 \times n}$$

$$\Psi(\eta_1, x_1) = h(x_1) - h(\hat{x}_1) - \beta(x_1 - \hat{x}_1) = h(x_1) - h(x_1 - \eta_1) - \beta\eta_1$$

$$\Delta = \begin{bmatrix} \Delta_1 \\ \Delta_2 \\ \vdots \\ \Delta_{n-1} \\ \Delta_n \end{bmatrix} = \begin{bmatrix} \zeta_1(x_1, u) - \zeta_1^s(\hat{x}_1, u) \\ \varepsilon[\zeta_2(x_1, x_2, u) - \zeta_2^s(\hat{x}_1, \hat{x}_2, u)] \\ \vdots \\ \varepsilon^{n-2}[\zeta_{n-1}(x_1, \cdots, x_{n-1}, u) - \zeta_{n-1}^s(\hat{x}_1, \cdots, \hat{x}_{n-1}, u)] \\ \varepsilon^{n-1}[\phi(w, x, u) - \phi_0(\hat{x}, u)] \end{bmatrix}$$

且 $\Psi(0,0) = 0, \Delta(0,0,0,0) = 0$。

估计误差系统[式(7-9)]是以下边界层系统关于 $O(\varepsilon)$ 的扰动：

$$\varepsilon\dot{\eta} = A\eta - B\Psi(\eta_1, x_1) \tag{7-10}$$

将基于函数 Δ 的有界性、函数 Ψ 的无源性和系统[式(7-10)]的传递函数的严正实来证明估计误差的有界性和指数稳定性。

$$G(s) = C(sI - A)^{-1}B = \frac{\alpha_1 s^{n-1} + \alpha_2 s^{n-2} + \cdots + \alpha_n}{\beta(s^n + \alpha_1 s^{n-1} + \alpha_2 s^{n-2} + \cdots + \alpha_n)} \tag{7-11}$$

将检查函数的有界性。由于：

$$\Delta_i = \varepsilon^{i-1}[\zeta_i(x_1, \cdots, x_i, u) - \zeta_i^s(\hat{x}_1, \cdots, \hat{x}_i, u)], \quad 1 \leqslant i \leqslant n-1 \tag{7-12}$$

$$\Delta_n = \varepsilon^{n-1}[\phi(w, x, u) - \phi_0(\hat{x}, u)] \tag{7-13}$$

根据式(7-2)、式(7-6)和式(7-8)，由式(7-12)得

$$|\Delta_i| = \varepsilon^{i-1}|\zeta_i(x_1, \cdots, x_i, u) - \zeta_i^s(\hat{x}_1, \cdots, \hat{x}_i, u)|$$

$$\leqslant L_i \sum_{j=1}^{i} \varepsilon^{i-1}|x_j - \hat{x}_j| \leqslant L_i \sum_{j=1}^{i} \varepsilon^{i-1}\varepsilon^{1-j}|\eta_j| \leqslant L_i \sum_{j=1}^{i}|\eta_j| \tag{7-14}$$

此外，因为 ϕ 和 ϕ_0 满足式(7-7)及式(7-8)，故

$$|\phi(w, x, u) - \phi_0(\hat{x}, u)| \leqslant \varepsilon^{1-n}M_0\|\eta\| + N \tag{7-15}$$

根据式(7-15)和式(7-13)得

$$|\Delta_n| = \varepsilon^{n-1}|\phi(w, x, u) - \phi_0(\hat{x}, u)| \leqslant M_0\|\eta\| + \varepsilon^{n-1}N \tag{7-16}$$

由式(7-14)和式(7-16)得

$$\|\Delta\| = \sqrt{\sum_{i=1}^{n-1}|\Delta_i|^2 + \|\Delta_n\|^2} \leqslant \sqrt{L_0^2 \sum_{i=1}^{n-1}\left(\sum_{j=1}^{i}|\eta_j|\right)^2 + (M_0\|\eta\| + \varepsilon^{n-1}N)^2}$$

$$\leqslant \sqrt{L_0^2 \sum_{i=1}^{n-1}\left(\sum_{j=1}^{i}|\eta_j|\right)^2} + \sqrt{M_0^2\|\eta\|^2 + \varepsilon^{2(n-1)}N^2} \triangleq M\|\eta\| + \varepsilon^{n-1}N \tag{7-17}$$

式中，L_0、M 是正常数。

通过将时间尺度从 t 转换为 $\tau = t/\varepsilon$，边界层系统[式(7-10)]可以表示为线性系统的反馈连接：

$$\frac{\mathrm{d}\eta}{\mathrm{d}\tau} = A\eta - B\psi(\eta_1, x_1) \tag{7-18}$$

$$\eta_1 = C\eta$$

式中，ψ 为无源函数，如图 7-1 所示。

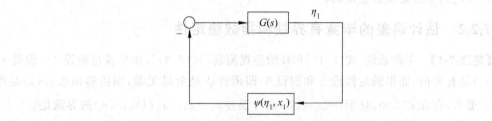

图 7-1　边界层系统[式(7-18)]的结构图

估计误差的有界性和指数稳定性将在全局(假设 5)和区域(假设 6)两种情况下、函数 Ψ 的无源性假设条件下以及传递函数 $G(s)$ 的严正实(假设 7)假设条件下进行推导。

假设 5：对于 $\eta \in \mathbb{R}^n$，$\psi(\eta_1, x_1)$ 是关于 η_1 无源的，即 $\forall \eta \in \mathbb{R}^n$，$\eta_1 \psi(\eta_1, x_1) \geqslant 0$。

假设 6：对于 $\eta \in \Sigma_\eta \triangleq \{\eta : |\eta_1| \leqslant \tilde{c}\} \subset \mathbb{R}^n$，$\psi(\eta_1, x_1)$ 是关于 η_1 无源的，其中 $\tilde{c}$ 是一个常数，即对于 $\eta \in \Sigma_\eta$，$\eta_1 \psi(\eta_1, x_1) \geqslant 0$。

假设 7：系统[式(7-11)]的传递函数 $G(s)$ 为严正实。

【引理 7-1】　如果函数 ψ 是无源的，传递函数 $G(s)$ 是严正实的，即满足假设 5～假设 7，那么边界层系统是指数稳定的。

证明：对于边界层系统[式(7-18)]，由于假设 7 为严正实，根据 KYP(Kalman-Yakubovich-Popov)引理，存在矩阵

$$\boldsymbol{P} = \begin{bmatrix} p_{11} & p_{12} & \cdots & p_{1n} \\ * & p_{22} & \cdots & p_{2n} \\ * & * & \ddots & \vdots \\ * & * & * & p_{nn} \end{bmatrix} > 0, \quad \boldsymbol{L} = \begin{bmatrix} l_1 & l_2 & \cdots & l_n \end{bmatrix}$$

和一个常数 $\zeta > 0$，使得

$$\boldsymbol{A}^\mathrm{T}\boldsymbol{P} + \boldsymbol{P}\boldsymbol{A} = -\boldsymbol{L}^\mathrm{T}\boldsymbol{L} - \zeta\boldsymbol{P} \tag{7-19}$$

$$\boldsymbol{P}\boldsymbol{B} = \boldsymbol{C}^\mathrm{T}$$

式中，$*$ 表示 $\boldsymbol{P}$ 中的对称元素，ζ 使 $G(s - \zeta)$ 为正实。定义 Lyapunov 候选函数 $W(\eta) = \eta^\mathrm{T}\boldsymbol{P}\eta$，其满足

$$\lambda_{\min}(\boldsymbol{P}) \|\eta\|^2 \leqslant W(\eta) \leqslant \lambda_{\max}(\boldsymbol{P}) \|\eta\|^2 \tag{7-20}$$

由式(7-19)，$W(\eta)$ 沿边界层系统[式(7-18)]的导数满足：

$$\begin{aligned} \dot{W} &= \dot{\eta}^\mathrm{T}\boldsymbol{P}\eta + \eta^\mathrm{T}\boldsymbol{P}\dot{\eta} \\ &= \eta^\mathrm{T}(\boldsymbol{A}^\mathrm{T}\boldsymbol{P} + \boldsymbol{P}\boldsymbol{A})\eta - 2\eta^\mathrm{T}\boldsymbol{P}\boldsymbol{B}\psi \\ &= -\eta^\mathrm{T}\boldsymbol{L}^\mathrm{T}\boldsymbol{L}\eta - \zeta\eta^\mathrm{T}P\eta - 2\eta^\mathrm{T}C^\mathrm{T}\psi \end{aligned} \tag{7-21}$$

由假设 5 和假设 6 可得 $\eta^{\mathrm{T}}C^{\mathrm{T}}=\eta_1$ 和 $\eta_1\psi\geqslant0$,且由式(7-20)和式(7-21)得

$$\dot{W}\leqslant-\zeta\lambda_{\min}(\boldsymbol{P})\parallel\eta\parallel^2 \tag{7-22}$$

根据式(7-20)、式(7-22)和 Lyapunov 稳定性理论,边界层系统的原点为指数稳定的。引理 7-1 证毕。

事实上,根据 Ψ 的无源性和 $G(s)$ 的严正实,应用圆准则也能证明边界层系统[式(7-18)]的原点是指数稳定的。

7.2.2 估计误差的毕竟有界性和指数稳定性

【**定理 7-1**】 考虑系统[式(7-1)]和高增益观测器[式(7-3)],如果满足假设 1~假设 4,则 $\hat{x}(t_0)$ 是有界的;如果满足假设 5 和假设 6,即函数 ψ 是全局无源,则传递函数 $G(s)$ 是严正实。那么,存在 $\varepsilon^*>0$,对于 $0<\varepsilon\leqslant\varepsilon^*$,估计误差 $\tilde{x}_i=x_i-\hat{x}_i(1\leqslant i\leqslant n)$ 的界满足:

$$|\tilde{x}_i(t)|\leqslant\max\{\varepsilon^{1-i}be^{-\kappa(t-t_0)/\varepsilon}\parallel\tilde{x}(t_0)\parallel,\varepsilon^{n+1-i}cN\} \tag{7-23}$$

式中,κ、b、c 为正常数。当 N 接近零时,即高增益观测器[式(7-3)]中 ϕ 的标称模型 ϕ_0 精确已知时,估计误差呈指数稳定,且满足:

$$|\tilde{x}_i(t)|\leqslant\varepsilon^{1-i}be^{-\kappa(t-t_0)/\varepsilon}\parallel\tilde{x}(t_0)\parallel \tag{7-24}$$

证明:定义 Lyapunov 候选函数 $W(\eta)=\eta^{\mathrm{T}}\boldsymbol{P}\eta$,其满足[式(7-19)]和[式(7-20)]。由式(7-19),$W(\eta)$ 沿尺度估计误差系统[式(7-9)]的导数满足

$$\begin{aligned}\dot{W}&=\dot{\eta}^{\mathrm{T}}P\eta+\eta^{\mathrm{T}}P\dot{\eta}\\&=-\frac{1}{\varepsilon}\eta^{\mathrm{T}}L^{\mathrm{T}}L\eta-\frac{\zeta}{\varepsilon}\eta^{\mathrm{T}}P\eta-\frac{2}{\varepsilon}\eta^{\mathrm{T}}C^{\mathrm{T}}\psi+2\eta^{\mathrm{T}}\boldsymbol{P}\Delta\end{aligned} \tag{7-25}$$

在全局情况下,由于对 x_1、$\hat{x}_1$、η,有 $\eta^{\mathrm{T}}C^{\mathrm{T}}=\eta_1$ 和 $\eta_1\psi\geqslant0$,且由式(7-20)和式(7-25)可得

$$\begin{aligned}\dot{W}&\leqslant-\frac{\zeta}{\varepsilon}\eta^{\mathrm{T}}P\eta+2\eta^{\mathrm{T}}P\Delta\\&\leqslant-\frac{\zeta}{\varepsilon}\lambda_{\min}(P)\parallel\eta\parallel^2+2\parallel P\parallel\parallel\eta\parallel[M\parallel\eta\parallel+\varepsilon^{n-1}N]\\&=-\frac{\zeta}{2\varepsilon}\lambda_{\min}(P)\parallel\eta\parallel^2-\left[\frac{\zeta}{2\varepsilon}\lambda_{\min}(P)-2M\parallel P\parallel\right]\parallel\eta\parallel^2+2\varepsilon^{n-1}N\parallel P\parallel\parallel\eta\parallel\end{aligned}$$

对 $0<\varepsilon\leqslant\varepsilon^*$:

$$\varepsilon\leqslant\frac{\zeta\lambda_{\min}(P)}{4M\parallel P\parallel}\triangleq\varepsilon^*$$

则有

$$\begin{aligned}\dot{W}&\leqslant-\frac{\zeta}{2\varepsilon}\lambda_{\min}(P)\parallel\eta\parallel^2+2\varepsilon^{n-1}N\parallel P\parallel\parallel\eta\parallel\\&\leqslant-\frac{\zeta}{4\varepsilon}\lambda_{\min}(P)\parallel\eta\parallel^2-\parallel\eta\parallel\left[\frac{\zeta}{4\varepsilon}\lambda_{\min}(P)\parallel\eta\parallel-2\varepsilon^{n-1}N\parallel P\parallel\right]\\&\leqslant-\frac{\zeta}{4\varepsilon}\lambda_{\min}(P)\parallel\eta\parallel^2\end{aligned} \tag{7-26}$$

且

$$\|\eta\| \geqslant \frac{8N\|P\|}{\zeta\lambda_{\min}(P)}\varepsilon^n \tag{7-27}$$

根据毕竟有界定理可知,估计误差在全局范围内是毕竟有界的。

令

$$\rho = \frac{64N^2\|P\|^2}{\zeta^2\lambda_{\min}(P)} \tag{7-28}$$

观察式(7-26)~式(7-28)及性质[式(7-20)],当 $W \geqslant \rho\varepsilon^{2n}$ 和 $0 < \varepsilon \leqslant \varepsilon^*$ 时,由式(7-26)得

$$\dot{W} \leqslant -\frac{\zeta\lambda_{\min}(P)}{4\varepsilon\lambda_{\max}(P)}W \tag{7-29}$$

这表明集合 $\Sigma = \{\eta: W(\eta) \leqslant \rho\varepsilon^{2n}\}$ 是一个正不变的集合。根据比较引理,由式(7-29)得

$$W[\eta(t)] \leqslant W[\eta(t_0)]\exp\left[-\frac{\zeta\lambda_{\min}(P)}{4\varepsilon\lambda_{\max}(P)}(t-t_0)\right] \tag{7-30}$$

现在验证存在一个有限的时刻,从该时刻开始轨迹 η 将进入集合 Σ 并停留在其中,考虑如下两种情况:①$\eta(t_0)$ 从 Σ 外部开始;②$\eta(t_0)$ 从 Σ 内部开始。然后,将估计误差的界限。

首先,假设 $\eta(t_0)$ 在 Σ 外部,即 $W(\eta(t_0)) \geqslant \rho\varepsilon^{2n}$。由式(7-20)得

$$\lambda_{\max}(P)\|\eta(t_0)\|^2 \geqslant W[\eta(t_0)] \tag{7-31}$$

由式(7-31)和式(7-28)得

$$\|\eta(t_0)\| \geqslant \sqrt{\frac{64\varepsilon^{2n}N^2\|P\|^2}{\zeta^2\lambda_{\min}(P)\lambda_{\max}(P)}} = \frac{8\varepsilon^n N\|P\|}{\zeta\sqrt{\lambda_{\min}(P)\lambda_{\max}(P)}}$$

由式(7-20)可知不等式(7-30)满足:

$$W[\eta(t)] \leqslant \lambda_{\max}(P)\|\eta(t_0)\|^2\exp\left[-\frac{\zeta\lambda_{\min}(P)}{4\varepsilon\lambda_{\max}(P)}(t-t_0)\right] \tag{7-32}$$

令不等式(7-32)的右边等于 $\rho\varepsilon^{2n}$,则产生时间:

$$T(\varepsilon) = \frac{4\varepsilon\lambda_{\max}(P)}{\zeta\lambda_{\min}(P)}\ln\left[\frac{\lambda_{\max}(P)\|\eta(t_0)\|^2}{\rho\varepsilon^{2n}}\right]$$

η 的轨迹从 $T(\varepsilon)+t_0$ 将进入集合 Σ 并最终停留在那里。时刻 $T(\varepsilon)$ 之所以存在,是因为 $T(\varepsilon)$ 在 ε 趋于零时也趋于零。

关于区域的情况,如果 $\eta(t_0)$ 从集合 Σ 内部开始,即

$$W[\eta(t_0)] \leqslant \rho\varepsilon^{2n}$$

因为集合 Σ 是正不变的,所以 $\eta(t)$ 的轨迹最终会在集合内部并且不能离开 Σ。

总结这两种情况,存在时间 $T(\varepsilon)$,并且从 $T(\varepsilon)+t_0$ 起 η 的轨迹将进入集合 Σ 并最终停留在那里[很容易看出 $\eta(t_0)$ 从 Σ 内部开始,当 $T(\varepsilon)$ 为零时 $\eta(t_0)$ 从 Σ 外部开始的特例]。总之,从 $T(\varepsilon)+t_0$ 时刻起,以下恒成立:

$$W[\eta(t)] \leqslant \rho\varepsilon^{2n} \tag{7-33}$$

这意味着 $\eta(t)$ 将毕竟有界,即

$$\| \eta(t) \| \leqslant \varepsilon^n \sqrt{\frac{\rho}{\lambda_{\min}(P)}}$$

再看 η 轨迹的边界，由式(7-28)和 $W(\eta)$ 满足式(7-32)和式(7-33)可知：

$$W(\eta(t)) \leqslant \max \left\{ \lambda_{\max}(P) \| \eta(t_0) \|^2 \exp\left[-\frac{\zeta\lambda_{\min}(P)}{4\varepsilon\lambda_{\max}(P)}(t-t_0)\right], \frac{64\varepsilon^{2n}N^2\|P\|^2}{\zeta^2\lambda_{\min}(P)} \right\}$$

$$(7\text{-}34)$$

根据式(7-20)和式(7-34)得

$$\| \eta(t) \| \leqslant \max \left\{ \| \eta(t_0) \| \sqrt{\frac{\lambda_{\max}(P)}{\lambda_{\min}(P)}} \exp\left[-\frac{\zeta\lambda_{\min}(P)}{8\varepsilon\lambda_{\max}(P)}(t-t_0)\right], \frac{8\varepsilon^n N\|P\|}{\zeta\lambda_{\min}(P)} \right\}$$

$$(7\text{-}35)$$

至于 $\tilde{x}(t)$ 的界，其中，$\tilde{x}(t) = x(t) - \hat{x}(t)$，式(7-8)表明 $|\tilde{x}_i| = \varepsilon^{1-i}|\eta_i|(i=1,\cdots,n)$，则

$$\| \eta(t_0) \| \leqslant \| D(\varepsilon) \| \| \tilde{x}(t_0) \| \leqslant \| \tilde{x}(t_0) \| \qquad (7\text{-}36)$$

式中，$\| D(\varepsilon) \| \leqslant 1$。由式(7-35)和式(7-36)得

$$|\tilde{x}_i(t)| \leqslant \max \left\{ \varepsilon^{1-i} \sqrt{\frac{\lambda_{\max}(P)}{\lambda_{\min}(P)}} \| \tilde{x}(t_0) \| \exp\left[-\frac{\zeta\lambda_{\min}(P)}{8\varepsilon\lambda_{\max}(P)}(t-t_0)\right], \frac{8\varepsilon^{n+1-i}N\|P\|}{\zeta\lambda_{\min}(P)} \right\}$$

即为式(7-23)，也即在全局情况下估计误差的毕竟有界性，其中

$$b = \sqrt{\frac{\lambda_{\max}(P)}{\lambda_{\min}(P)}}, \quad \kappa = \frac{\zeta\lambda_{\min}(P)}{8\lambda_{\max}(P)}, \quad c = \frac{8\|P\|}{\zeta\lambda_{\min}(P)}$$

定理 7-1 证毕。

注意：式(7-23)描述的界的形式与 $h(x_1) = x_1$ 时得到界的形式相同。

当假设 6 成立时，定理 7-1 的结论将对于 $\tilde{x}_1(t_0) = x_1(t_0) - \hat{x}_1(t_0)$ 成立。

【定理 7-2】 考虑系统[式(7-1)]和高增益观测器[式(7-3)]。如果满足假设 1～假设 4，则 $\hat{x}(t_0)$ 是有界的；如果满足假设 6 和假设 7，即 ϕ 函数对于 $\eta \in \Sigma_\eta$ 是无源的，则传递函数 $G(s)$ 是严正实的。这样存在正常数 $\hat{l}$ 和 ε^*，对于 $|\tilde{x}_1(t_0)| \leqslant \hat{l}$ 和 $0 < \varepsilon \leqslant \varepsilon^*$，估计误差 $\tilde{x}_i = x_i - \hat{x}_i(1 \leqslant i \leqslant n)$ 满足边界[式(7-25)]，其中 κ、b、c 是正常数。当 N 接近零时，即高增益观测器[式(7-3)]中的 ϕ 标称模型 ϕ_0 是精确已知的，则估计误差是指数稳定的，即满足式(7-24)。

证明：假设 6 对于 $x_1 \in \mathbb{X}_1$ 成立，且对于 $x \in \mathbb{X}$，$x_1 \in \mathbb{X}_0$ 成立，其中 $\mathbb{X}_0$ 是 $\mathbb{X}_1$ 内部的紧区间。证明类似于定理 7-1 的证明，但要求对 $t \geqslant t_0$ 限制 $x_1(t)$ 和 $\hat{x}_1(t)$ 在 $\mathbb{X}_1$ 中。ε^* 的存在性可以参考定理 7-1 的证明。下面只证明 $\hat{l}$ 的存在性。

因为 $x(t_0)$ 和 $\hat{x}(t_0)$ 是有界的，所以存在 $\hat{l} > 0$，使得 $|\eta_1(t_0)| = |\tilde{x}(t_0)| \leqslant \hat{l}$。取 $\bar{c} > p_{11}\hat{l}^2$，其中 p_{11} 是式(7-19)的矩阵 P 的 $(1,1)$ 元素。由式(7-8)可得 $\eta^{\mathrm{T}}(0)P\eta(0) = p_{11}\eta_1^2(0) + O(\varepsilon)$。因此，对于足够小的 ε，对于所有的 $t \geqslant t_0$，$\eta(t) \in \{\eta : \beta\eta^{\mathrm{T}}P\eta \leqslant \beta\bar{c}\} = \{\eta : \eta^{\mathrm{T}}P\eta \leqslant \bar{c}\}$。正如定理 7-1 的证明所示，集合 $\{\eta : \beta\eta^{\mathrm{T}}P\eta \leqslant \beta\bar{c}\}$ 是正不变的，则有

$$|\eta_1(t)| \leqslant \max_{\eta^{\mathrm{T}}P\eta \leqslant \bar{c}} |\eta_1| = \sqrt{\bar{c}} \| CP^{-\frac{1}{2}} \| \leqslant \hat{l} \sqrt{p_{11}} \| CP^{-\frac{1}{2}} \| \triangleq \tilde{c}$$

第7章 非线性输出系统基于无源性的高增益观测器输出反馈控制

令 $\bar{l} = \max\limits_{x_1 \in \mathbf{X}_1} |x_1|$，则 $|\hat{x}_1| \leqslant \bar{l} + \tilde{c}$。因为 $\mathbf{X}_0$ 是在 $\mathbf{X}_1$ 的内部，所以存在 $\hat{l} > 0$，使得 $\hat{x}_1(t) \in \mathbf{X}_1$。定理 7-2 证毕。

7.2.3 无源性和严正实条件

【引理 7-2】 如果满足以下假设条件：

对 $z \in \mathbf{Z} \subset \mathbf{R}$，函数 $h(z)$ 是分段连续可微且递增的。则对于 $\eta \in \Sigma_\eta \subset \mathbf{R}^n$，$\psi(\eta_1, x_1)$ 是关于 η_1 区域无源的。当 $\mathbf{Z} = \mathbf{R}$ 时，$\psi(\eta_1, x_1)$ 关于 η_1 是全局无源的。

证明：记

$$\eta_1 \psi = (x_1 - \hat{x}_1)[h(x_1) - h(\hat{x}_1) - \beta(x_1 - \hat{x}_1)] = (x_1 - \hat{x}_1)[\tilde{h}(x_1) - \tilde{h}(\hat{x}_1)] \tag{7-37}$$

式中，$\tilde{h}(x_1) = h(x_1) - \beta x_1$，$\tilde{h}(\hat{x}_1) = h(\hat{x}_1) - \beta \hat{x}_1$，$\tilde{h}(0) = 0$。由于 $h(z)$ 是连续可微和递增的，故存在 β 对 $z \in \mathbf{Z}$，$dh/dz \geqslant \beta > 0$，即对 $z \in \mathbf{Z}$，$d\tilde{h}(z)/dz = dh(z)/dz - \beta \geqslant 0$。根据中值定理，存在一个 $\tilde{h}[\hat{x}_1 + \iota(x_1 - \hat{x}_1)]$，其中 $\iota \in (0,1)$，使得对 $z \in \mathbf{Z}$：

$$\tilde{h}(x_1) - \tilde{h}(\hat{x}_1) = \frac{d\tilde{h}}{dz}\bigg|_{z=\hat{x}_1 + \iota(x_1-\hat{x}_1)} \cdot (x_1 - \hat{x}_1) \tag{7-38}$$

将式(7-38)代入式(7-37)可得

$$\eta_1 \psi = (x_1 - \hat{x}_1)^2 \frac{d\tilde{h}}{dz}\bigg|_{z=\hat{x}_1 + \iota(x_1-\hat{x}_1)} \geqslant 0$$

表示 ψ 的无源性。引理 7-2 证毕。

【引理 7-3】 $\psi(\eta_1, x_1)$ 为无源的当且仅当输出函数 $h(x_1)$ 是无源的。

证明：在式(7-37)中取 $\hat{x}_1 = 0$ 和 $h(0) = 0$ 即可得到 $h(x_1)$ 与 $\psi(\eta_1, x_1)$ 的无源性等价。

【引理 7-4】 当且仅当对于 $v, w \in \mathbf{Z} \subset \mathbf{R}$，函数 h 满足以下扇区条件：

$$(v - w)[h(v) - h(w)] \geqslant \beta(v - w)^2 \tag{7-39}$$

式中，$\beta > 0$ 是待确定的常数，则函数 h 是区域无源的。当 $\mathbf{Z} = \mathbf{R}$ 时，函数 h 是全局无源的。

证明：从式(7-37)可以看出，不等式(7-39)等价于函数 ψ 关于 η_1 的无源性。根据引理 7-3，引理 7-4 证毕。

注意：引理 7-4 将输出函数的无源性条件从分段连续函数放宽为允许可数不连续点满足扇区条件。

【引理 7-5】 传递函数 $G(s)$ 是严正实当且仅当存在矩阵方程[式(7-19)]存在矩阵 $\boldsymbol{P}$ 和 $\boldsymbol{L}$ 及常数 ζ。

证明：容易证明三元组 (A, B, C) 是可控—可观测的。在 KYP 引理中取 $D = 0$ 即得出结论。

【引理 7-6】 如果满足以下假设：系统[式(7-11)]的传递函数 $G(s)$ 的所有极点都有负实部；此外，对于每一对复极点 $-(a_i \pm jb_i)$，都有 $a_i \geqslant b_i$ 且 $a_i > 0, b_i > 0$。则传递函数 $G(s)$ 是严正实。

证明：首先，需要下面的声明来证明引理 7-6。

声明：如果以下传递函数的所有极点

$$\bar{G}(s) = \beta G = \frac{\alpha_1 s^{n-1} + \alpha_2 s^{n-2} + \cdots + \alpha_n}{s^n + \alpha_1 s^{n-1} + \alpha_2 s^{n-2} + \cdots + \alpha_n} \tag{7-40}$$

即式(7-4)的根具有负实部;此外,对于每对复极点 $-(a_i \pm jb_i)$,都有 $a_i \geqslant b_i$ 且 $a_i > 0, b_i \geqslant 0$,则传递函数[式(7-40)]是严正实。

声明证明: 假设 $\bar{G}(s)$ 有 m 个复数极点和 $n-2m$ 个实极点(m 可以为零)。用 $-(a_1 \pm jb_1), \cdots, (a_m \pm jb_m)$ 表示复极点,用 $-a_{2m+1}, \cdots, -a_n$ 表示实极点。由传递函数[式(7-40)]可得

$$
\begin{aligned}
\bar{G}(s) &= \frac{s^n + \alpha_1 s^{n-1} + \alpha_2 s^{n-2} + \cdots + \alpha_n - s^n}{s^n + \alpha_1 s^{n-1} + \alpha_2 s^{n-2} + \cdots + \alpha_n} \\
&= 1 - \frac{s^n}{s^n + \alpha_1 s^{n-1} + \alpha_2 s^{n-2} + \cdots + \alpha_n} \\
&= 1 - \frac{s^n}{(s + a_1 \pm jb_1) \cdots (s + a_m \pm jb_m)(s + a_{2m+1}) \cdots (s + a_n)}
\end{aligned}
\tag{7-41}
$$

令 $s = j\omega, \omega \in \mathbb{R}$。由式(7-41)得

$$
\begin{aligned}
\bar{G}(j\omega) &= 1 - \frac{(j\omega)^n}{\displaystyle\prod_{i=1}^{m} \{[a_i + j(\omega + b_i)][a_i + j(\omega - b_i)]\} \prod_{i=2m+1}^{n} (a_i + j\omega)} \\
&= 1 - \frac{\displaystyle\prod_{i=1}^{m} \{[\omega(\omega + b_i) + ja_i\omega][\omega(\omega - b_i) + ja_i\omega]\} \prod_{i=2m+1}^{n} (\omega^2 + ja_i\omega)}{\displaystyle\prod_{i=1}^{m} \{[a_i^2 + (\omega + b_i)^2][a_i^2 + (\omega - b_i)^2]\} \prod_{i=2m+1}^{n} (a_i^2 + \omega^2)} \\
&= 1 - \frac{\omega^n}{\displaystyle\prod_{i=1}^{m} \{[a_i^2 + (\omega + b_i)^2]^{\frac{1}{2}} [a_i^2 + (\omega - b_i)^2]^{\frac{1}{2}}\} \prod_{i=2m+1}^{n} (a_i^2 + \omega^2)^{\frac{1}{2}}} \exp(j\theta)
\end{aligned}
\tag{7-42}
$$

式中,

$$
\begin{aligned}
&\xi_i = \underline{/\omega + b_i + ja_i}, \quad \bar{\xi}_i = \underline{/\omega - b_i + ja_i}, \quad i = 1, \cdots, m \\
&\theta_i = \tan^{-1}\left(\frac{a_i}{\omega}\right), \quad i = 2m+1, \cdots, n
\end{aligned}
\tag{7-43}
$$

$$\theta = \sum_{i=1}^{m} (\xi_i + \bar{\xi}_i) + \sum_{i=2m+1}^{n} \theta_i$$

因为 $\exp(j\theta) = \cos(\theta) + j\sin(\theta)$,$\bar{G}(j\omega)$ 的实部为

$$\mathrm{Re}[\bar{G}(j\omega)] = 1 - \frac{\omega^n \cos\theta}{\displaystyle\prod_{i=1}^{m} \{[a_i^2 + (\omega + b_i)^2]^{\frac{1}{2}} [a_i^2 + (\omega - b_i)^2]^{\frac{1}{2}}\} \prod_{i=2m+1}^{n} (a_i^2 + \omega^2)^{\frac{1}{2}}} \tag{7-44}$$

关于式(7-44),在 $-1 \leqslant \cos\theta \leqslant 0$ 的情况下,有 $\mathrm{Re}[\bar{G}(j\omega)] > 0$;在 $0 < \cos\theta \leqslant 1$ 的情况下,由于 $a_i \geqslant b_i$,对于

$$[a_i^2 + (\omega + b_i)^2][a_i^2 + (\omega - b_i)^2] - \omega^4 = (a_i^2 + b_i^2)^2 + 2\omega^2(a_i^2 - b_i^2) > 0$$

有

$$\prod_{i=1}^{m} \left\{ [a_i^2 + (\omega + b_i)^2]^{\frac{1}{2}} [a_i^2 + (\omega - b_i)^2]^{\frac{1}{2}} \right\} > \omega^{2m}$$

即

$$\frac{\omega^{2m}}{\prod_{i=1}^{m} \left\{ [a_i^2 + (\omega + b_i)^2]^{\frac{1}{2}} [a_i^2 + (\omega - b_i)^2]^{\frac{1}{2}} \right\}} < 1 \tag{7-45}$$

且

$$\frac{\omega^{n-2m}}{\prod_{i=2m+1}^{n} (a^2 + \omega^2)^{\frac{1}{2}}} < 1 \tag{7-46}$$

结合式(7-45)和式(7-46)得出当 $0 < \cos\theta \leqslant 1$ 时，$\text{Re}[\beta G(\text{j}\omega)] > 0$。概括地说，对于 $\theta \in \mathbf{R}$ 和 $\omega \in [0, \infty)$，有

$$\left| \frac{\omega^n \cos\theta}{\prod_{i=1}^{m} \left\{ [a_i^2 + (\omega + b_i)^2]^{\frac{1}{2}} [a_i^2 + (\omega - b_i)^2]^{\frac{1}{2}} \right\} \prod_{i=2m+1}^{n} (a^2 + \omega^2)^{\frac{1}{2}}} \right| < 1$$

即对于 $\forall \theta \in \mathbf{R}$ 和 $\forall \omega \in [0, \infty)$，$\text{Re}[\beta G(\text{j}\omega)] > 0$。由式(7-43)可知，当 $\omega \to \infty$ 时，以下成立

$$\xi_i = \tan^{-1}\left(\frac{a_i}{\omega + b_i} \right) \to \frac{a_i}{\omega}, \quad \bar{\xi}_i = \tan^{-1}\left(\frac{a_i}{\omega - b_i} \right) \to \frac{a_i}{\omega}, \quad i = 1, \cdots, m$$

由 $\theta \to \dfrac{a_i}{\omega}, i = 2m+1, \cdots, n$，可得

$$\theta \to \frac{1}{\omega} \left(\sum_{i=1}^{m} 2a_i + \sum_{i=2m+1}^{n} a_i \right) \triangleq \frac{a}{\omega} > 0$$

且

$$\cos\theta \to \cos\left(\frac{a}{\omega} \right) = 1 - \frac{a^2}{2\omega^2} + O\left(\frac{1}{\omega^4} \right) \tag{7-47}$$

因为

$$\frac{\omega^n}{\prod_{i=1}^{m} \left\{ [a_i^2 + (\omega + b_i)^2]^{\frac{1}{2}} [a_i^2 + (\omega - b_i)^2]^{\frac{1}{2}} \right\} \prod_{i=2m+1}^{n} (a^2 + \omega^2)^{\frac{1}{2}}}$$

$$= \frac{1}{\prod_{i=1}^{m} \left[1 + \dfrac{2(a_i^2 - b_i^2)}{\omega^2} + \left(\dfrac{a_i^2 + b_i^2}{\omega^2} \right)^2 \right]^{\frac{1}{2}} \prod_{i=2m+1}^{n} \left(1 + \dfrac{a_i^2}{\omega^2} \right)^{\frac{1}{2}}}$$

$$= \frac{1}{\prod_{i=1}^{m} \left[1 + \dfrac{a_i^2 - b_i^2}{\omega^2} + O\left(\dfrac{1}{\omega^4} \right) \right] \prod_{i=2m+1}^{n} \left[1 + \dfrac{a_i^2}{2\omega^2} + O\left(\dfrac{1}{\omega^4} \right) \right]}$$

$$= \cfrac{1}{1 + \cfrac{1}{\omega^2}\left[\sum\limits_{i=1}^{m}(a_i^2 - b_i^2) + \cfrac{1}{2}\sum\limits_{i=2m+1}^{m} a_i^2\right] + O\left(\cfrac{1}{\omega^4}\right)} \tag{7-48}$$

由式(7-47)和式(7-48),从式(7-44)可得

$$\lim_{\omega \to \infty}\omega^2 \text{Re}[\bar{G}(j\omega)] = \lim_{\omega \to \infty}\omega^2\left\{1 - \cfrac{1 - \cfrac{a^2}{2\omega^2} + O\left(\cfrac{1}{\omega^4}\right)}{1 + \cfrac{1}{\omega^2}\left[\sum\limits_{i=1}^{m}(a_i^2 - b_i^2) + \cfrac{1}{2}\sum\limits_{i=2m+1}^{m} a_i^2\right] + O\left(\cfrac{1}{\omega^4}\right)}\right\}$$

$$= \lim_{\omega \to \infty}\omega^2\left\{\cfrac{\cfrac{1}{\omega^2}\left[\sum\limits_{i=1}^{m}(a_i^2 - b_i^2) + \cfrac{1}{2}\sum\limits_{i=2m+1}^{n} a_i^2 + \cfrac{1}{2}a^2\right] + O\left(\cfrac{1}{\omega^4}\right)}{1 + \cfrac{1}{\omega^2}\left[\sum\limits_{i=1}^{m}(a_i^2 - b_i^2) + \cfrac{1}{2}\sum\limits_{i=2m+1}^{n} a_i^2\right] + O\left(\cfrac{1}{\omega^4}\right)}\right\}$$

$$= \sum_{i=1}^{m}(a_i^2 - b_i^2) + \frac{1}{2}\sum_{i=2m+1}^{n} a_i^2 + \frac{1}{2}a^2 > 0$$

因此,$\bar{G}(s)$ 是严正实。声明得证。

因为 $G(s) = \bar{G}(s)/\beta$,由严正实的定义可以证明当且仅当 $G(s)$ 是严正实时 $\bar{G}(s)$ 才严正实。引理 7-6 得证。

【定理 7-3】 考虑系统[式(7-1)]及高增益观测器[式(7-3)]。全局情况下的假设 1~假设 4、引理 7-4 及引理 7-6 的条件或式(7-19)得到满足。$\hat{x}(t_0)$ 是有界的,则对于 $0 < \varepsilon \leqslant \varepsilon^*$ 存在 $\varepsilon^* > 0$,估计误差 $\tilde{x}_i = x_i - \hat{x}_i(1 \leqslant i \leqslant n)$ 满足界限条件[式(7-23)],其中 κ、b、c 为正常数。当 N 接近零时,即高增益观测器[式(7-3)]的 ϕ 的标称模型 ϕ_0 是精确已知的,则高增益观测器[式(7-3)]是指数稳定的,即满足式(7-24)。

【定理 7-4】 考虑系统[式(7-1)]及高增益观测器[式(7-3)]。区域情况下的假设 1~假设 4、引理 7-4 以及引理 7-6 的条件或式(7-19)得到满足。$\hat{x}(t_0)$ 是有界的,则对于 $|\tilde{x}_1(t_0)| \leqslant \hat{l}$ 和 $0 < \varepsilon \leqslant \varepsilon^*$,存在正常数 $\hat{l}$ 和 ε^*,$\tilde{x}_i = x_i - \hat{x}_i(1 \leqslant i \leqslant n)$ 满足界限条件式(7-23),其中 κ、b、c 为正常数。当 N 接近零时,即高增益观测器[式(7-3)]的 ϕ 的标称模型 ϕ_0 是精确已知的,则高增益观测器[式(7-3)]是指数稳定的,即满足式(7-24)。

7.3 输出反馈的性能恢复性

在本节中,将使用高增益观测器[式(7-3)]推导输出反馈下闭环系统的性能恢复,包括有界性、毕竟有界性、轨迹接近性和指数稳定性,包括区域和全局情况。

【定理 7-5】 考虑系统[式(7-1)]和高增益观测器[式(7-3)]。假设 1~假设 4 满足。输出函数 $h(x_1)$ 是无源的,传递函数 $G(s)$ 是严正实。假设满足以下条件。

假设 8:在以下状态反馈控制下:

$$\dot{v}(t) = \Gamma[v(t), x(t)]$$
$$u = \gamma[v(t), x(t)]$$

系统[式(7-1)]的原点是渐近稳定和局部指数稳定的,其吸引区域为 R_χ,其中 $\chi = \mathrm{col}(w, x, v)$。

复合闭环系统由以下输出反馈控制器下的系统[式(7-1)]和尺度估计误差系统[式(7-9)]构成。

$$\dot{v}(t) = \Gamma[v(t), \hat{x}(t)]$$
$$u = \gamma[v(t), \hat{x}(t)]$$

式中,函数 $\gamma(\cdot)$ 满足以下条件。

假设 9:$\gamma(\cdot)$ 在论域上为局部李普希兹、全局有界,且 $\gamma(0) = 0$。

注意:在高增益观测器设计中通常需要 γ 的全局有界性来克服峰值现象,它通常是通过在论域紧集之外对 γ 进行饱和来实现的。

(1) 有界性。存在 $\varepsilon_1^* > 0$,对于 $0 < \varepsilon \leqslant \varepsilon_1^*$,复合闭环系统的解 $(\chi(t), \hat{x}(t))$,从 $S \times Q$ 开始,对所有 $t \geqslant t_0$ 为有界。

(2) 毕竟有界性。给定 $\mu > 0$,存在依赖 μ 的 $\varepsilon_2^* > 0$ 和 $T_2 > t_0$,使得对于 $0 < \varepsilon \leqslant \varepsilon_2^*$,复合闭环系统的解,从 $S \times Q$ 开始,满足

$$\|\chi(t)\| \leqslant \mu, \quad \|\hat{x}(t)\| \leqslant \mu, \quad \forall t \geqslant T_2 + t_0$$

(3) 轨迹接近性。给定 $\mu > 0$,存在依赖 μ 的 $\varepsilon_3^* > 0$,使得对于 $0 < \varepsilon \leqslant \varepsilon_3^*$,复合闭环系统的解,从 $S \times Q$ 开始,满足

$$\|\chi(t) - \chi_s(t)\| \leqslant \mu, \quad \forall t \geqslant t_0$$

式中,$\chi_s(t)$ 是状态反馈控制器下闭环系统的解,从 $\chi(t_0)$ 开始。

(4) 指数稳定性。存在 $\varepsilon_4^* > 0$,使得对于 $0 < \varepsilon \leqslant \varepsilon_4^*$,复合闭环系统的原点是指数稳定的,并且 $S \times Q$ 是其吸引区域的子集。

证明:这里省略了一些相似的推导过程,其可参考之前的相关研究。

(1) 有界性。由于满足假设 8,根据逆定理,输出反馈下的闭环系统存在李雅普诺夫函数 $V(\chi)$。令 $\Omega = \{\chi : V(\chi) \leqslant c\}$ 是 R_χ 的一个紧集,其中 $c > 0$。初始状态 $[\chi(t_0), \hat{x}(t_0)]$ 是在 $S \times Q$ 中选择的,且 $S \subset \Omega \subset R_\chi$,$Q \subset R_{\hat{x}}$。确保选择 $[\chi(t_0), \hat{x}(t_0)]$ 使得 $\eta(t_0) \in \Sigma_\eta \subset \Sigma$,则起点自 Σ_η 的 η 的轨迹将到达正不变集 Σ。

由于输出反馈下的闭环系统是状态反馈下的一个扰动系统。从状态反馈和输出反馈下的闭环系统之间的关系,以及函数 f 的局部李普希兹性质,可以证明集合 $\Lambda = \Omega \times \Sigma$ 是正不变的。而且,从 f 的全局有界性和前述分析,可以保证当 $t \geqslant t_0$ 和 $0 < \varepsilon \leqslant \varepsilon_1^*$ 时,$(\chi(t), \hat{x}(t))$ 的有界性。

(2) 毕竟有界性。$\chi(t)$ 的毕竟有界性是通过 Λ 内部的正不变集的存在性证得的。$\hat{x}(t)$ 的毕竟有界性由 $\eta(t)$ 的有界性和式(7-8)中 $\eta(t)$ 和 $\hat{x}(t)$ 的关系证得。

(3) 轨迹接近性。在 $[T_3(\varepsilon) + t_0, \infty)$ 时间间隔内的轨迹接近是通过闭环系统在状态反馈下的渐近稳定性和输出反馈下的轨迹有界性证得的。

在区间 $[t_0, T(\varepsilon) + t_0]$ 中,轨迹接近性主要通过初始状态和参数方面解的连续性以及 $\chi(t)$ 和 $\chi_s(t)$ 的有界性证得。

(4) 指数稳定性。在假设 8 下,闭环系统在状态反馈下存在逆李雅普诺夫函数 $\tilde{V}(\chi)$,

在球 $B_r \subset R_\chi$ 上,对 b_1、b_2、b_3、$\bar{r} > 0$,满足

$$b_1 \|\chi\|^2 \leqslant \widetilde{V}(\chi) \leqslant b_2 \|\chi\|^2, \quad \dot{\widetilde{V}}(\chi) \leqslant -b_3 \|\chi\|^2$$

定义一个 Lyapunov 函数 $\bar{V}(\chi, \eta) = \widetilde{V}(\chi) + 1/\varepsilon^{2(n-1)} W(\eta)$。$\bar{V}(\chi, \eta)$ 沿复合闭环系统的导数满足

$$\dot{\bar{V}}(\chi, \eta) \leqslant - \begin{bmatrix} \|\chi\| \\ \|\eta\| \end{bmatrix}^T \begin{bmatrix} b_3 & -\dfrac{b_4 + b_5 \|P\|}{\varepsilon^{n-1}} \\ * & \dfrac{\zeta \lambda_{\min}(P) - 2b_6 \|P\|}{\varepsilon^{2n-1}} \end{bmatrix} \begin{bmatrix} \|\chi\| \\ \|\eta\| \end{bmatrix} < 0$$

式中,b_4、b_5、$b_6 > 0$,令

$$\varepsilon < \frac{b_3 \zeta \lambda_{\min}(P)}{2b_3 b_6 \|P\| + [b_4 + b_5 \|P\|]^2}$$

由 $x(t)$ 和 $\hat{x}(t)$ 的毕竟有界性,可以证明存在 $\varepsilon_4^* > 0$,使得对 $0 < \varepsilon \leqslant \varepsilon_4^*$,复合闭环系统的原点是指数稳定的,并且 $S \times Q$ 是吸引区域的子集。

7.4 仿真实验

本节将以具有非线性输出的单摆模型为例来验证所提出方法的有效性。

7.4.1 状态反馈

考虑一个单摆系统:

$$\ddot{\theta} + d\dot{\theta} + \sin\theta = eu$$

式中,$d = \iota/(m\Theta)$,ι 为摩擦系数,m 为摆锤的质量,$\Theta = \sqrt{gl}$,g 为重力加速度,l 表示杆的长度;θ 为杆与通过枢轴点的垂直轴之间的角度;$e = m_0/m$;$u = Q/(m_0 gl)$ 是标称质量 m_0 的无量纲扭矩,Q 为施加在枢轴点处在 θ 方向上的扭矩。

设计控制器 u 使单摆稳定在 $\theta = \delta$。选择状态变量 $x_1 = \theta - \delta$ 和 $x_2 = \dot{\theta} \triangleq \bar{\omega}$。状态方程为

$$\dot{x}_1 = x_2$$

$$\dot{x}_2 = -\sin(x_1 + \delta) - dx_2 + eu \tag{7-49}$$

即方程式(7-1)中 $\phi(x, u) = -\sin(x_1 + \delta) - dx_2 + eu$ 且 $\phi(0, 0) = 0$。d 和 e 为参数且满足 $d \in [0, 0.2]$ 和 $e \in [0.5, 2]$。控制器设计的目的是使单摆稳定在 $(\theta = \pi, \bar{\omega} = 0)$。

设计一个线性化稳定反馈控制器:

$$u = \frac{1}{e} [\sin(x_1 + \delta) - K_1 x_1 - K_2 x_2] \tag{7-50}$$

选择 K_1 和 K_2 使得 $\begin{bmatrix} 0 & 1 \\ -K_1 & -K_2 - d \end{bmatrix}$ 为渐近稳定。取 $d = 0.01, e = 0.5, K_1 = 1,$

$K_2 = 1.99, \delta = \pi$ 及初始条件 $x_1(0) = 0.2$ 和 $x_2(0) = 0$。状态反馈[式(7-50)]下的闭环系统为

$$\dot{x}_1 = x_2$$
$$\dot{x}_2 = -K_1 x_1 - (d + K_2) x_2$$

角度 θ 和角速度 ω 如图 7-2 所示,可以看出单摆在扭矩 u 的作用下最终稳定在 $\theta = \pi$。

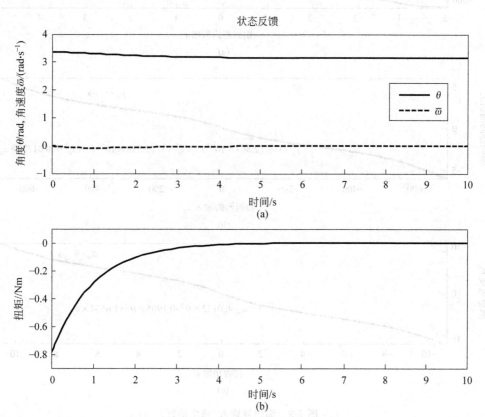

图 7-2 状态反馈控制下单摆的响应曲线

7.4.2 非线性测量

假设现在只使用通常用于测量角度 θ 的光学编码器进行测量。在实际应用中,由于安装误差、机械磨损和腐蚀以及电子元器件老化等原因,编码器的输出相对于测量呈现非线性特性。以三次多项式关系为例,通过编码器输入/输出函数的反函数拟合[见图 7-3(a)]得

$$z = -9.35y^3 + 63.16y^2 + 34.89y$$

式中,z 和 y 分别是编码器的输入和输出。

根据反函数,记 $x_e \in [-600, 600]$ 为编码器的输入,记 $y_e \in [-4.616, 4.616]$ 为编码器的输出,则得到编码器输出与输入关系的函数[见图 7-3(b)]:

$$y_e = \begin{cases} 2.867 \times 10^{-8} x_e^3 - 2.558 \times 10^{-5} x_e^2 + 0.0127 x_e, & x_e \in [0, 600] \\ -2.867 \times 10^{-8} x_e^3 + 2.558 \times 10^{-5} x_e^2 - 0.0127 x_e, & x_e \in [-600, 0] \end{cases}$$

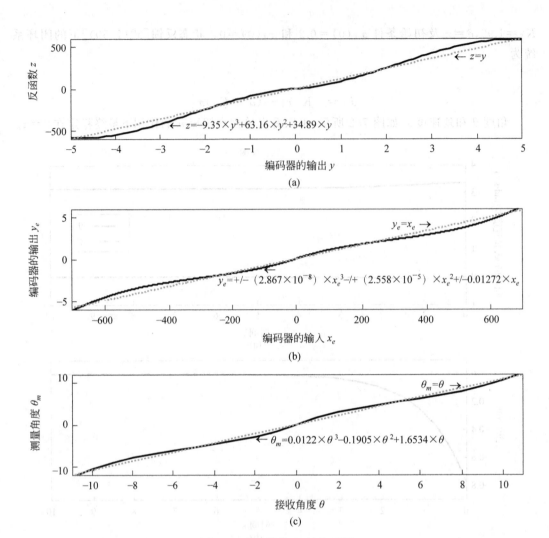

图 7-3　编码器输入/输出函数

为了统一以弧度为单位的尺寸，令 $\theta_m=2\pi\times600/(360\times4.166)y_e$，$\theta=2\pi/360x_e$，则传感器接收角度 θ 和测量角度 θ_m 之间的关系为

$$\theta_m=0.0122\theta^2-0.1905\theta^2+1.6534\theta\triangleq h_m(\theta)\tag{7-51}$$

式中，$\theta\in[-2\pi,2\pi]$，如图 7-3(c)所示。由 $x_1=\theta-\delta$ 和 $\theta=x_1+\delta$，方程式(7-51)等于

$$y=h_m(\theta)=h_m(x_1+\delta)\triangleq h(x_1)\tag{7-52}$$

如前所述，需要满足引理 7-4 中的条件，即

$$(x_1-\hat{x}_1)[h_m(x_1+\delta)-h_m(\hat{x}_1+\delta)-\beta(x_1-\hat{x}_1)]>0$$

这样，可得

$$\frac{\mathrm{d}h(x_1)}{\mathrm{d}x_1}=\frac{\mathrm{d}h_m(\theta)}{\mathrm{d}\theta}=0.0366\theta^2-0.381\theta+1.6534\geqslant0.6619=\beta\tag{7-53}$$

7.4.3　估计误差的吸引域

使用二次 Lyapunov 函数 $W(\eta)=\eta^{\mathrm{T}}P\eta$ 来估计 η 的吸引区域，即 $\mathcal{R}_\eta$，可得

$$\min_{|\eta_1|=|C\eta|=r} W(\eta)=\frac{r^2}{CP^{-1}C^{\mathrm{T}}}\triangleq\bar{c} \tag{7-54}$$

式中，$C=[1\quad 0]$。

为了确定 α_1 和 α_2，应用引理 7-6 并取 $n=2,G(s)=(s+1)^2=s^2+2s+1$。因此，$\alpha_1=2,\alpha_2=1$。由于已在式(7-53)中确定 β，因而 $\alpha_1/\beta=3.021,\alpha_2/\beta=1.511$。尺度误差方程[式(7-9)]中

$$A=\begin{bmatrix}-2 & 1\\-1 & 0\end{bmatrix},\quad B=\begin{bmatrix}3.021\\1.511\end{bmatrix},\quad C=[1\quad 0]$$

因为 $h_m(\cdot)$ 是单调递增的，其中 $\theta\in[-2\pi,2\pi]$，由式(7-51)得 $h_m(\cdot)\in[-5.8942,5.8942]$，则

$$|\eta_1|\leqslant\frac{|h_m(\theta)|+|h_m(\hat{\theta})|}{\beta}\leqslant\frac{11.7884}{0.6619}=17.807=r$$

式中，$\hat{\theta}=\hat{x}_1+\delta$。为了得到满足式(7-19)的正定矩阵 P，需要求解式(7-19)中的矩阵方程。令

$$P=\begin{bmatrix}p_1 & p_2\\p_2 & p_3\end{bmatrix},\quad L=[l_1\quad l_2]$$

根据引理 7-5，选择 $\zeta=0.1$ 确保 $G(s-\zeta)$ 为严正实。由等式(7-19)得

$$-(2\alpha_1-\zeta)p_1-2\alpha_2p_2+l_1^2=-3.9p_1-2p_2+l_1^2=0$$
$$p_1-(\alpha_1-\zeta)p_2-2\alpha_2p_3+l_1l_2=p_1-1.9p_2-p_3+l_1l_2=0$$
$$2p_2+\zeta p_3+l_2^2=2p_2+0.1p_3+l_2^2=0$$
$$\alpha_1p_1/\beta+\alpha_2p_2/\beta-1=3.021p_1+1.511p_2-1=0$$
$$\alpha_1p_1/\beta+\alpha_2p_3/\beta=3.021p_2+1.511p_3=0$$

求解得到

$$P=\begin{bmatrix}0.358 & -0.054\\-0.054 & 0.107\end{bmatrix},\quad L=[1.135\quad -0.311]$$

这样，通过使用公式(7-54)得到吸引区域为

$$\min_{|\eta_1|=17.807} W(\eta)=\frac{17.807^2}{CP^{-1}C^{\mathrm{T}}}=104.88=\bar{c}$$

式中，$C=[1\quad 0]$。通过限制条 $|\eta_1|\leqslant 17.807=\tilde{c}$ 以集合 $\{W(\eta)\leqslant 104.88\}$ 来估计吸引区域，如图 7-4 所示。

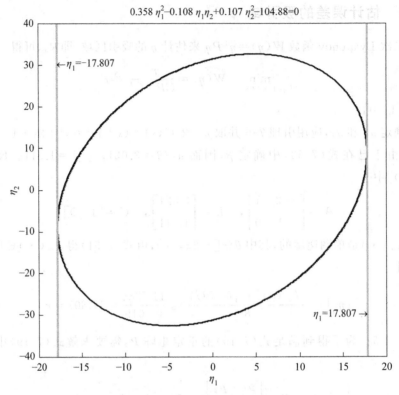

$$0.358\,\eta_1^2 - 0.108\,\eta_1\eta_2 + 0.107\,\eta_2^2 - 104.88 = 0$$

图 7-4　估计误差的吸引区域

7.4.4　高增益观测器输出反馈

接下来将通过式(7-52)和式(7-51)为系统[式(7-49)]设计一个高增益观测器,其形式为

$$
\begin{cases}
\dot{\hat{x}}_1 = \hat{x}_2 + \dfrac{\alpha_1}{\beta\varepsilon}\{0.0122\,(x_1+\delta)^2 - 0.1905\,(x_1+\delta)^2 + 1.6534(x_1+\delta) - \\
\qquad [0.0122(\hat{x}_1+\delta)^2 - 0.1905(\hat{x}_1+\delta)^2 + 1.6534(\hat{x}_1+\delta)]\} \\
\dot{\hat{x}}_2 = -\sin(\hat{x}_1+\delta) - \hat{d}\hat{x}_2 + \hat{e}u + \dfrac{\alpha_2}{\beta\varepsilon^2}\{0.0122\,(x_1+\delta)^2 - 0.1905\,(x_1+\delta)^2 + \\
\qquad 1.6534(x_1+\delta) - [0.0122(\hat{x}_1+\delta)^2 - 0.1905(\hat{x}_1+\delta)^2 + 1.6534(\hat{x}_1+\delta)]\}
\end{cases}
$$

$$(7\text{-}55)$$

式中,α_1、α_2、ε 是待确定的高增益观测器的增益和参数,$\hat{d}$ 和 $\hat{e}$ 分别是 d 和 e 的标称值。为满足假设 7-9,采用如下饱和输出反馈

$$u = \overline{M}\,\text{sat}\left\{\frac{1}{e\overline{M}}[\sin(\hat{x}_1+\delta) - K_1\,\hat{x}_1 - K_2\,\hat{x}_2]\right\} \tag{7-56}$$

式中,$\overline{M}$ 是控制的饱和度。这时高增益观测器为

$$\dot{\hat{x}}_1 = \hat{x}_2 + \frac{\alpha_1}{\beta\varepsilon}\{0.0122(x_1+\delta)^2 - 0.1905(x_1+\delta)^2 + 1.6534(x_1+\delta) -$$
$$[0.0122(\hat{x}_1+\delta)^2 - 0.1905(\hat{x}_1+\delta)^2 + 1.6534(\hat{x}_1+\delta)]\}$$

$$\dot{\hat{x}}_2 = -\sin(\hat{x}_1+\delta) - \hat{d}\hat{x}_2 + e\overline{M}\,\mathrm{sat}\left\{\frac{1}{e\overline{M}}[\sin(\hat{x}_1+\delta) - K_1\hat{x}_1 - K_2\hat{x}_2]\right\} +$$
$$\frac{\alpha_2}{\beta\varepsilon^2}\{0.0122(x_1+\delta)^2 - 0.1905(x_1+\delta)^2 + 1.6534(x_1+\delta) -$$
$$[0.0122(\hat{x}_1+\delta)^2 - 0.1905(\hat{x}_1+\delta)^2 + 1.6534(\hat{x}_1+\delta)]\}$$

且状态的闭环系统为

$$\dot{x}_1 = x_2$$
$$\dot{x}_2 = -\sin(x_1+\delta) - dx_2 + e\overline{M}\,\mathrm{sat}\left\{\frac{1}{e\overline{M}}[\sin(\hat{x}_1+\delta) - K_1\hat{x}_1 - K_2\hat{x}_2]\right\}$$

使用 Matlab 将输出反馈控制[式(7-56)]应用于单摆,设置 $\varepsilon=0.01$,$\hat{d}=0.1$,$\hat{e}=1.25$,$\overline{M}=6$ 及如上其他参数值,初始条件为 $\hat{x}_1(0)=\hat{x}_2(0)=0$。从图 7-5 中可以看到,角速度逐渐趋近零,单摆逐渐稳定在角度 $\theta=\pi$。

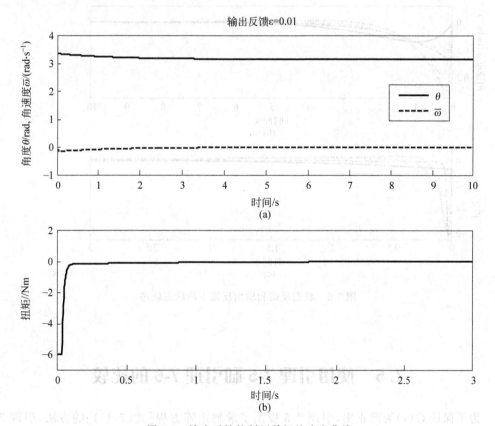

图 7-5 输出反馈控制下单摆的响应曲线

为了说明如定理 7-2 所述高增益观测器输出反馈的指数稳定性和轨迹收敛性,选择从 0.1 到 0.01 逐渐减小的 ε 值,并应用状态反馈控制[式(7-50)]、高增益观测器[式(7-55)]、使用 Matlab 将输出反馈[式(7-56)]作用于单摆,目的是将其稳定在($\theta = \pi, \bar{\omega} = 0$)。从图 7-6 可以看到,角速度逐渐为零,单摆逐渐稳定在角度 $\theta = \pi$。此外,ε 越小,输出反馈下的轨迹越接近状态反馈下的轨迹,这意味着性能表现也越好,这是高增益观测器的特征。将输出反馈进行饱和的方法使得系统成功地防止了峰值,避免了由于峰值现象造成闭环系统稳定性被破坏。

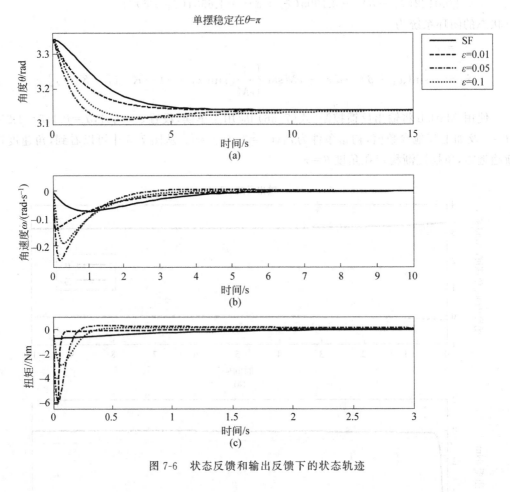

图 7-6 状态反馈和输出反馈下的状态轨迹

7.5 使用引理 7-5 和引理 7-6 的比较

为了保证 $G(s)$ 为严正实,引理 7-5 提出了求解矩阵方程[式(7-19)]的方法,引理 7-6 提出了极点配置法。除了引理 7-6 提出的极点配置法具有可调节瞬态响应和任意放置极点的优点外,它还比引理 7-5 所示的矩阵方程或矩阵不等式方法具有较低的计算复杂度。

采用 KYP 矩阵方程中取 $D=0$ 的方法,意味着可以从以下等式求解关于矩阵 P 中的所有元素 $p_{ij}(i,j=1,\cdots,n)$,即

$$\begin{cases}
-2(\alpha_1 p_{11}+\alpha_2 p_{21}+\cdots+\alpha_n p_{n1})+l_1^2+\zeta p_{11}=0 \\
p_{11}-\alpha_1 p_{12}-\alpha_2 p_{22}-\cdots-\alpha_n p_{n2}+l_1 l_2+\zeta p_{12}=0 \\
\vdots \\
p_{1,n-2}-\alpha_1 p_{1,n-1}-\alpha_2 p_{2,n-1}-\cdots-\alpha_n p_{n,n-1}+l_1 l_{n-1}+\zeta p_{1,n-1}=0 \\
p_{1,n}-\alpha_1 p_{1,n}-\alpha_2 p_{2,n}-\cdots-\alpha_n p_{n,n}+l_1 l_n+\zeta p_{1,n}=0 \\
2p_{12}+l_2^2+\zeta p_{22}=0 \\
\vdots \\
2p_{n-2,n-1}+l_{n-1}^2+\zeta p_{n-1,n-1}=0 \\
2p_{n-1,n}+l_n^2+\zeta p_{n,n}=0 \\
p_{1,n-1}+p_{2,n-2}+l_2 l_{n-1}+\zeta p_{2,n-1}=0 \\
p_{1,n}+p_{2,n-1}+l_2 l_n+\zeta p_{2,n}=0 \\
\vdots \\
p_{n-2,n}+p_{n-1,n-1}+l_{n-1} l_n+\zeta p_{n-1,n}=0 \\
p_{n-1,n-1}+p_{n,n-2}+l_n l_{n-1}+\zeta p_{n,n-1}=0 \\
1/\beta(\alpha_1 p_{11}+\alpha_2 p_{12}+\cdots+\alpha_n p_{1n})-1=0 \\
1/\beta(\alpha_1 p_{21}+\alpha_2 p_{22}+\cdots+\alpha_n p_{2n})=0 \\
\vdots \\
1/\beta(\alpha_1 p_{n1}+\alpha_2 p_{n2}+\cdots+\alpha_n p_{nn})=0
\end{cases} \tag{7-57}$$

关于系数 $\alpha_i(i=1,\cdots,n)$ 和式(7-57)中的 β,由输出函数的无源性,可以得到 β,且可以利用引理 7-6 的性质得到 $\alpha_i(i=1,\cdots,n)$。不失一般性,选择所有极点为 -1。多项式方程由式(7-58)给出

$$(1+s)^n=s^n+C_n^{n-1}s^{n-1}+C_n^{n-2}s^{n-2}+\cdots+C_n^2 s^2+C_n^1 s+1$$
$$=s^n+\alpha_1 s^{n-1}+\alpha_2 s^{n-2}+\cdots+\alpha_n \tag{7-58}$$

式中,$C_n^m=n!/[m!(n-m)!]$ 为组合。比较式(7-58)中最后一个等式两边的系数,得到如下系数值:

$$\alpha_1=C_n^{n-1},\alpha_2=C_n^{n-2},\cdots,\alpha_{n-2}=C_n^2,\alpha_{n-1}=C_n^1,\alpha_n=1$$

这样,$\alpha_i(i=1,\cdots,n)$ 和 β 得到确定。所需的矩阵 P 和 L 可以通过求解方程式(7-57)得到。

显然,满足引理 7-6 的条件的式(7-4)的极点配置比求解矩阵方程[式(7-19)],即式(7-57)更简单。事实上,求解 n 维数状态 Riccati 方程所需的计算复杂度为 $O(n^6)$,求解相等 n 维 Riccati 不等式的计算复杂度为 $O(n^6)$,但是,极点配置法的计算复杂度为 $O(n\log n)$。

7.6 小 结

本章设计了一种具有非线性输出的非线性系统高增益观测器。在输出函数的无源性和边界层系统传递函数的严正实条件下,证明了估计误差的毕竟有界性和指数稳定性以及输出反馈的性能恢复特性。同时,给出了关于输出的无源性和传递函数的严正实性的更多结果。应用仿真示例验证了本章所提出的控制器设计方法的有效性。

第8章　结　论

本书针对具有时滞、非线性输入等因素影响的非线性系统高增益观测器及其输出反馈控制律的设计问题展开深入研究,并将所设计的高增益观测器和输出反馈控制律应用到机器人模型中,进行仿真实验以验证其有效性和应用性。

本研究具体包括以下研究内容。

(1) 使用基于内模的最优控制来解决具有作动器时滞的线性汽车悬架的减振控制问题。在模型转换的基础上,将具有作动器时滞的四分之一汽车悬架系统转换为无时滞系统。通过求解一个最优调节问题得到减振控制律,其中设计了一个动态补偿器,它由内模和最优控制组成,而作动器时滞由控制记忆项补偿,并且阐明了最优减振控制律的存在性和唯一性。通过数值仿真验证了所设计最优减振控制的有效性,展示了内模最优减振控制相比较于前馈—反馈最优减振控制的优势。

(2) 解决在参考输入下具有多时滞系统的非线性最优振动控制问题,包括控制时滞、状态时滞、输出时滞和测量时滞。时滞系统通过泛函变换转换为等效的无时滞系统。通过求解 Riccati 方程、Sylvester 方程和伴随微分方程来设计非线性最优控制律。非线性和时滞产生的影响分别由控制器中的非线性补偿器和记忆项进行补偿。构建的内部模型以零稳态误差抑制扰动并跟踪参考。同时通过内部模型产生了动态补偿器。通过构造观测器使控制器在物理上可实现。在四分之一汽车模型的示例进行验证,仿真结果表明,控制器有效地完全抑制了路面振动,非线性和时滞得到了很好的补偿。此外,该算法易于实现,不需要大量的在线计算时间。

(3) 解决汽车悬架模型的区域输入—状态控制和指数稳定的控制器设计方法。它证明了每当能够设计一个对汽车悬架的状态反馈控制时,都可以通过 EHGO 获得一个输出反馈控制;取足够小的高增益参数,输出反馈控制将使系统达到与状态反馈控制相同甚至更好的性能。用该方法设计控制器十分简单,只需将其中的状态替换为 EHGO 生成的状态即可。仿真结果表明,在 RISS 意义下,汽车悬架能够将路面振动衰减到理想的程度,特别是,输出反馈下的瞬时响应优于状态反馈下的响应。

(4) 解决了具有控制时滞的轮式移动机器人系统的建模与跟踪控制问题。首先,由非完整约束方程建立 WMR 的状态空间表示。此外,跟踪路径的状态空间表示与 WMR 的状态空间表示相对应。这样,在定义了跟踪误差变量后,就得到了具有控制时滞的跟踪误差方程。然后,通过使用模型转换方法,将具有控制时滞的系统变为等效的无时滞系统。根据极大值原理,通过求解 Riccati 方程,得到两个速度控制器,通过记忆控制项来补偿控制时滞。最后进行仿真实验,验证了跟踪误差逐渐趋近于零,证实了所提出的控制器的有效性和实用性。

(5) 解决了具有控制时滞的非线性轮式移动机器人跟踪控制设计问题。首先,建立了

WMR 运动方程的状态空间表示模型。跟踪路径的状态空间表示与 WMR 的状态空间表示相对应,从而得到具有控制时滞的非线性跟踪误差系统。反馈线性化控制器的设计是为了准确地消除非线性。为了解决由于控制时滞而导致的控制器物理实现问题,设计了一个高增益观测器来生成预测状态,以便可以估计状态反馈控制器中的未来状态。仿真实验中使用 WMR 模型和 8 字形目标路径,验证了跟踪误差渐近为零,利用高增益观测器很好地解决了预测控制设计问题,证实了所提出的控制器的有效性和实用性。

(6)提出一种用于具有传感器时滞和控制时滞的非线性 WMR 运动模型的非线性控制设计方法。它在两个方面发展了先前研究的结果:首先,它通过简化模型提出了一个可观测的 WMR 模型。其次,它使用高增益观测器证明了输出反馈下状态的指数稳定性。特别地,研究了具有传感器时滞和控制时滞的 WMR 模型的预测控制。为 WMR 运动方程建立了状态空间表示。跟踪路径的状态空间表示与 WMR 的状态空间表示相对应,从而获得了具有传感器时滞和控制时滞的非线性跟踪误差系统。状态反馈控制采用线性化设计。高增益观察器被设计为生成预测状态,以便估计状态反馈中的未来时间状态。使用分别跟踪 8 字形和圆形目标路径的 WMR 模型进行仿真实验,验证了高增益观测器的跟踪误差和估计误差呈指数稳定,证实了所提出的控制器的有效性和实用性。

(7)为具有非线性输出的系统设计了高增益观测器,该高增益观测器是在考虑不确定因素的情况下建模的。在前期研究基础上,证明了输出函数的无源性和边界层系统传递函数的严正实性以及扩展结果。首次证明了具有非线性输出的输出反馈控制的性能恢复特性,且所有结果均考虑了全局和区域两种情况。然后运用单摆系统进行仿真实验,以验证所提出的方法。最后通过比较展示了极点配置法优于求解矩阵方程的优点:①观测器特征值可以任意分配以形成瞬态响应;②极点配置法降低了计算复杂度。

本研究主要具有以下两方面的创新性。

(1)针对非线性输入的非线性系统设计高增益观测器和输出反馈控制以及对于非线性输入高增益观测器采用极点配置法等为非线性系统控制理论的研究提供宝贵的学术财富。

(2)将理论成果应用于悬架、轮式移动机器人和单摆等控制系统,对于非线性控制理论的应用提供了理论支持和技术保证。

本研究为非线性系统输出反馈控制器的设计提供了有价值的研究成果,为非线性控制理论及其在机器人控制中的应用提供了新方法和新工具,丰富和完善了非线性控制理论及应用。

参 考 文 献

[1] A. G. Thompson. An active suspension with optimal linear state feedback[J]. Vehicle System Dynamics, 1976(5): 187-203.

[2] D. Hrovat. Survey of advanced suspension developments and related optimal control applications[J]. Automatica, 1997, 33(10): 1781-1817.

[3] E. M. Elbeheiry, D. C. Karnopp. Optimal control of vehicle random vibration with constrained suspension deflection[J]. Journal of Sound and Vibration, 1996, 189(5): 547-564.

[4] J. Marzbanrad, G. Ahmadi, H. Zohoor, et al. Stochastic optimal preview control of a vehicle suspension[J]. Journal of Sound and Vibration, 2004(275): 973-990.

[5] S. Lu, C. Ximing, Y. Jun. Genetic algorithm-based optimum vehicle suspension design using minimum dynamic pavement load as a design criterion[J]. Journal of Sound and Vibration, 2007 (301): 18-27.

[6] D. Corona, A. Giua, C. Seatzu. Optimal control of hybrid automata: design of a semiactive suspension [J]. Control Engineering Practice, 2004(12): 1305-1313.

[7] D. Yue, Q.L. Han. Delayed feedback control of uncertain systems with time-varying input delay[J]. Automatica, 2005(41): 233-240.

[8] A. Vahidi, A. Eskandarian. Predictive time-delay control of active suspensions[J]. Journal of Sound and Vibration, 2001(7): 1195-1211.

[9] H. Du, N. Zhang. H_∞ control of active vehicle suspensions with actuator time delay[J]. Journal of Sound and Vibration, 2007(301): 236-252.

[10] J. H. Chen, J. Lei. Optimal vibration control for active suspension systems with actuator delay[J]. Integrated Ferroelectrics, 2013, 145(1): 46-58.

[11] G. Verros, S. Natsiavas, C. Papadinitriou. Design optimization of quarter-car models with passive and semi-active suspensions under random road excitation[J]. Journal of Vibration and Control, 2005 (11): 581-606.

[12] F. Zhang, Q. Zhang, J. Li. Networked control for T-S fuzzy descriptor systems with network-induced delay and packet disordering[J]. Neurocomputing, 2018(275): 2264-2278.

[13] J. Ma, F. Pan, L. Zhou, et al. Modelling and stabilization of a wireless network control system with time delay[J]. Transaction of the Institute of Measurement and Control, 2018, 40(2): 640-646.

[14] P. Ferrari, A. Flammini, E. Sisinni, et al. Delay estimation of industrial IoT applications based on messaging protocols[J]. IEEE Transactions on Instrumentation and Measurement, 2018, 67(9): 2188-2199.

[15] A. Douik, S. Sorour, T. Y. Al-Naffouri, et al. Delay reduction in multi-hop device-to-device communication using network coding[J]. IEEE Transactions on Wireless Communications, 2018, 17 (10): 7040-7053.

[16] J. Na, Y. Huang, X. Wu, et al. Adaptive finite-time fuzzy control of nonlinear active suspension systems with input delay[J]. IEEE Transactions on Cybernetics, 2019, 50(6): 2639-2650.

[17] W. Li, Z. Xie, P. K. Wong, et al. Robust nonfragile H_∞ optimum control for active suspension systems with time-varying actuator delay[J]. Journal of Vibration and Control, 2019, 25(18): 2435-

2452.

[18] K. K. Afshar, A. Javadi, M. R. Jahed-Motlagh. Robust H_∞ control of an active suspension system with actuator time delay by predictor feedback[J]. IET Control Theory & Applications, 2018, 12 (7): 1012-1023.

[19] 郑大钟. 线性系统理论[M]. 北京: 清华大学出版社, 2002.

[20] X. L. Bai, J. Lei. Internal model-based optimal vibration control for linear vehicle suspension systems with actuator delay[J]. Ferroelectrics, 2019, 549(1): 195-203.

[21] J. Lei. Optimal vibration control of nonlinear systems with multiple time-delays: an application to vehicle suspension[J]. Integrated Ferroelectrics, 2016, 170(1): 10-32.

[22] X. L. Bai, J. Lei. Active suspension control by output feedback through extended high-gain observers [J]. Ferroelectrics, 2019, 548(1): 185-200.

[23] 雷靖. 时滞悬挂系统最优减振控制[M]. 昆明: 云南大学出版社, 2013.

[24] P. C. Chen, A. C. Huang. Adaptive sliding control of non-autonomous active suspension systems with time-varying loadings[J]. Journal of Sound and Vibration, 2005, 282(3-5): 1119-1135.

[25] A. Vahidi, A. Eskandarian. Predictive time-delay control of vehicle suspensions[J]. Journal of Vibration and Control, 2001, 7(8): 1195-1211.

[26] M. Coric, J. Deur, L. Xu, et al. Optimisation of active suspension control inputs for improved vehicle ride performance[J]. Vehicle System Dynamics, 2016, 54(7): 1004-1030.

[27] N. Jalili, E. Esmailzadeh. Optimum active vehicle suspensions with actuator time delay[J]. ASME Transactions Journal of Dynamic Systems, Measurement and Control, 2001, 123(1): 54-61.

[28] X. Jin, G. Yin, C. Bian, et al. Gain-Scheduled vehicle handling stability control via integration of active front steering and suspension systems[J]. ASME Transactions Journal of Dynamic Systems, Measurement and Control, 2016, 138(014501): 1-12.

[29] H. Li, X. Jing, H. R. Karimi. Output-feedback-based H_1 control for vehicle suspension systems with control delay[J]. IEEE Transactions on Industrial Electronics, 2014, 61(1): 436-446.

[30] J. Lei, Z. Jiang, Y. L. Li, et al. Active vibration control for nonlinear vehicle suspension systems with actuator delay via I/O feedback linearization[J]. International Journal of Control, 2014, 87 (10): 2081-2096.

[31] J. O. Pedro, O. A. Dahunsi. Neural network based feedback linearization control of a servo-hydraulic vehicle suspension system[J]. International Journal of Applied Mathematics and Computer Science, 2011, 21(1): 137-147.

[32] C. J. Huang, T. H. S. Li, C. C. Chen. Fuzzy feedback linearization control for MIMO nonlinear system and its application to full-vehicle suspension system [J]. Circuits Systems and Signal Processing, 2009, 28(6): 959-991.

[33] X. Sun, Y. Cai, L. Chen, et al. Vehicle height and posture control of the electronic air suspension system using hybrid system approach[J]. Vehicle System Dynamics, 2005, 281(3-5): 1119-1135.

[34] L. B. Freidovich, H. K. Khalil. Performance recovery of feedback-linearization-based designs[J]. IEEE Transactions on Automatic Control, 2008, 53(10): 2324-2334.

[35] G. Makihara, M. Yokomichi, M. Kono. Design of nonlinear controllers for active vehicle suspension with state constraints[J]. Artif Life Robotics, 2008, 13(1): 41-44.

[36] H. K. Khalil. Nonlinear Systems[M]. 3rd Edition. New York: Prentice-Hall, 2002.

[37] H. K. Khalil. Nonlinear control[M]. New York: Pearson Education, 2015.

［38］ E. D. Sontag，Y. Wang. On characterizations of the input-to-state stability property［J］. Systems and Control Letters，1995，24(5)：351-359.

［39］ H. K. Khalil. Extended high-gain observers as disturbance estimators［J］. SICE Journal of Control，Measurement，and System Integration，2017，10(3)：125-134.

［40］ B. Anoohya B，R. Padhi. Trajectory tracking of autonomous mobile robots using nonlinear dynamic inversion［J］. IFAC PapersOnLine，2018，51(1)：202-207.

［41］ S. Ro，S. Nandy，R. Ray，et al. Robust path tracking control of nonholonomic wheeled mobile robot：experimental validation［J］. International Journal of Control，Automation and Systems，2015，13(4)：897-905.

［42］ J. X. Xu，Z. Q. Guo，T.H. Lee. Design and implementation of integral sliding-mode control on an underactuated two-wheeled mobile robot［J］. IEEE Transactions on Industrial Electronics，2014，61(7)：3671-3681.

［43］ K. Shojaei，A.M. Shahri，A. Tarakameh，et al. Adaptive trajectory tracking control of a differential drive wheeled mobile robot［J］. Robotica，2011，29(3)：391-402.

［44］ W. S. Lin，P. C. Yang. Adaptive critic motion control design of autonomous wheeled mobile robot by dual heuristic programming［J］. Automatica，2008，44(11)：2716-2723.

［45］ W.E. Dixon，M.S. de Queiroz，D.M. Dawson，et al. Adaptive tracking and regulation of a wheeled mobile robot with controller/update law modularity［J］. IEEE Transactions on Control Systems Technology，2004，12(1)：138-147.

［46］ M. Ahmadizadeh，G. Mosqueda，A.M. Reinhorn. Compensation of actuator delay and dynamics for real-time hybrid structural simulation［J］. Earthquake Engineering & Structural Dynamics，2010，37(1)：21-42.

［47］ D. B. P.，M. Krstic. Delay-adaptive predictor feedback for systems with unknown long actuator delay［J］. IEEE Transactions on Automatic Control，2010，55(9)：2106-2112.

［48］ J. Chen，J. Lei. Optimal vibration control for active suspension systems with actuator delay［J］. Integrated Ferroelectrics，2013，145(1)：46-58.

［49］ 布鲁诺·西西里安诺，洛伦索·夏维科，路易吉·维拉尼，等. 机器人学：建模、规划与控制［M］. 张国良，曾静，陈励华，等译. 西安：西安交通大学出版社，2013.

［50］ J. Lei，P. J. Ju，J. Q. Song. Modeling and optimal control for WMR systems with control delay［J］. Integrated Ferroelectrics，2020(207)：138-147.

［51］ Y. M. Huang，J. Lei. Predictive feedback linearization tracking control for WMR systems with control Delay［J］. Integrated Ferroelectrics，2021，217(1)：279-288.

［52］ H. K. Khalil. High-gain observers in nonlinear feedback control［M］. SIAM：Philadelphia，2017.

［53］ T. Ahmed-Ali，E. Cherrier，F. Lamnabhi-Lagarrigue. Cascade high gain predictors for a class of nonlinear systems［J］. IEEE Transactions on Automatic Control，2012，57(1)：224-229.

［54］ M. Farza，A. Sboui，E. Cherrier，et al. High-gain observer for a class of time-delay nonlinear systems［J］. International Journal of Control，2010，83(2)：273-280.

［55］ I. Karafyllis，M. Krstic. Stabilization of nonlinear delay systems using approximate predictors and high-gain observers［J］. Automatica，2013，49(12)：3623-3631.

［56］ M. Ghanes，J.D. Leon，J. P. Barbot. Observer design for nonlinear systems under unknown time-varying delays［J］. IEEE Trans. Automa. Control，2013，58(6)：1529-1534.

［57］ J. Q. Song，J. Lei. Predictive tracking control for WMR systems with sensor and control delays［J］.

Integrated Ferroelectrics，2022，227(1)：178-190.

[58] J. Lei. Passivity-based output feedback control for systems with nonlinear outputs via high-gain observers[J]. Journal of Dynamic Systems，Measurement and Control-Transactions of the ASME，2022，144(4)：1-12.

[59] 雷靖，马晓燕，吴杰芳，等. 非线性汽车悬架系统减振控制方法[M]. 北京：机械工业出版社，2021.

[60] R. Li，H. K. Khalil. Nonlinear output regulation with adaptive conditional servocompensator[J]. Automatica，2012，48(10)：2550-2559.

[61] J. Lei，H. K. Khalil. High-gain observers in the presence of sensor nonlinearities[C]. 2017 American Control Conference，2017：3282-3287.

[62] J. Lei，H. K. Khalil. High-gain-predictor-based output feedback control for time-delay nonlinear systems[J]. Automatica，2016，71(9)：324-333.

[63] J. Lei，H. K. Khalil. Feedback linearization for nonlinear systems with time-varying input and output delays by using high-gain predictors[J]. IEEE Transactions on Automatic Control，2016，61(8)：2262-2268.

[64] D. H. Kim，J. H. Han，D. H. Kim，et al. Vibration control of structures with interferometric sensor non-linearity[J]. Smart Materials and Structures，2004，13(1)：92-99.

[65] K. Suzuki，T. Ishihara，M. Hirata，et al. Nonlinear analysis of a CMOS integrated silicon pressure sensor[J]. IEEE Trans. Electron Devices，1987，34(6)：1360-1367.

[66] A. M. Tekalp，G. Pavlovic. Image restoration with multiplicative noise：incorporating the sensor nonlinearity[J]. IEEE Trans. Signal Processing，1991，39(9)：2132-2136.

[67] D.E. Cox，D.K. Lindner. Active control for vibration suppression in a flexible beam using a modal domain optical fiber sensor[J]. ASME Journal of Vibration and Acoustics，1991，113(3)：369-382.

[68] Y. Wang，F. Deng，J. Sun，et al. ANFIS parallel hybrid modeling method for optical encoder calibration[C]. 24th Chinese Control and Decision Conference，2012：1591-1596.

[69] S. Suranthiran，S. Jayasuriya. Recovery of signals distorted by sensor nonlinearity[J]. ASME Journal of Dynamic Systems，Measurement，and Control，2004，126(4)：848-859.

[70] W. Frank. Compensation of linear and nonlinear sensor distortions by digital post processing[C]. Proc. 7th International Conference for Sensors Transducers and Systems，Germany，1995：889-892.

[71] S. Suranthiran，S. Jayasuriya. Signal conditioning with memory-less nonlinear sensors[J]. ASME Journal of Dynamic Systems，Measurement，and Control，2004，126(2)：284-293.

[72] P. Gahinet，A. Nemirovski，A. J. Laub，et al. LMI control toolbox user's guide[M]. Natick：The Math Works，Inc.，1995.

[73] Matlab R2016b. Linear matrix inequalities[M]. Natick：The Math Works，Inc.，2016.

[74] B. Codenotti，B.N. Datta，K. Datta，et al. Parallel algorithms for certain matrix computations[J]. Theoretical Computer Science，1997，180(1-2)：287-308.